U0166522

远离餐桌上的“狠活”

王国义◎编著

CS | 湖南人民出版社 · 长沙

目 录

请收下这本指南

（代序）

现如今，人们不再担心吃不饱，却又生出新的饮食焦虑：吃荤怕激素，吃素怕毒素，喝饮料怕色素，吃什么心里都没数。可见，食品消费水平与食品安全满意度之间并非简单线性关系，消费者对食品安全的担忧仍然存在。

面对消费者的深切担忧，王国义教授字里行间最可贵的一点，就是把对我国当下食品安全的信心传递给了焦虑的消费者，让他们在食品安全问题上获得安全感，把只有专家知道的食品安全常识，传授给迷茫的消费者，让他们在食品安全问题上拥有掌控感。

这本书给焦虑、迷茫的消费者指了一条明路，是一本可读、可信、可行的食品安全指南。书中既有对食品安全国家标准及相关法律法规的宏观解读，也有对如何甄别有毒、有害食品的微观分析，还有对日常生活中常见的食品安全理解误区的澄清，同时还告诉消费者遇到食品安全问题时如何拿起法律的武器。

优秀的食品安全科学传播文字是写给消费者看的，以消费者为本是核心。这本书没有高高在上的指示，而是像朋友聊天一样平等和气地分享，从布局谋篇到遣词造句，都做到了科学与实用兼顾，有意义、有意思、有看头。

高效的科学传播讲究的是通俗易懂和深入浅出，而王国义教授恰好是业界公认的营养和食品安全的传播大咖，在荧屏前侃侃而谈，在文字中娓娓道来，可谓“润物细无声”。

最后我想说的是，这本书详略得当，虚实相生。消费者看了自是大有长进，将决定餐桌安全的方向盘掌握在自己手上，学会用消费者的选择权来引导生产和市场，读完全书便可以收获满满的可知、可控的愉悦感。此外，做食品的、卖食品的、学食品知识的、教食品知识的不妨也随手翻一翻，亦能有所得、有所悟。

朱毅（中国农业大学副教授，博士生导师）

2024 年 1 月 12 日

第一章

认识食品添加剂

你了解食品添加剂吗？

“民以食为天”，饮食是人类生存的前提，是社会生活的基础。随着我国经济的快速发展，人民的生活水平在不断提升，饮食结构也出现了显著变化。人们对饮食的追求实现了从“吃得饱”到“吃得好”的跨时代转变，“吃得更健康”已成为民众的普遍共识，食品安全问题因此受到社会的广泛关注。

2008 年 9 月，新华社率先披露的“三鹿奶粉事件”在全国引起轰动，给全国人民上了一堂规模巨大的食品安全课。近年来，苏丹红、“瘦肉精”等非食用物质的频频曝光，使得民众对食品安全的担忧加剧。用手机刷视频的时候，我们看到一些博主用食品添加剂制作出“合成山楂果茶”“合成勾兑酱油”“合成牛肉干”等，不由得便生出对食品安全的恐慌。那么，加了食品添加剂的食物还能吃吗？为什么国家会允许食品添加剂存在？食品添加剂究竟是什么？

科学的认知是破除恐惧与偏见的利刃。要回答上述问题，首先我们要全面了解食品添加剂。

1. 什么是食品添加剂？

根据《食品安全国家标准　食品添加剂使用标准》（GB2760—2014）[①]，食品添加剂的定义是：“为改善食品品质和色、香、味，以及为防腐、保鲜和加工工艺的需要而加入食品中的人工合成或者天然物质。”

按照来源分类，食品添加剂大致可以分为天然食品添加剂和人工合成食品添加剂两类。天然食品添加剂是指以动植物或微生物的代谢产物等为原料，经提取所得的天然物质，如天然发酵剂——酵母粉。人工合成食品添加剂，是指采用化学手段，使元素或化合物通过氧化、还原、缩

① 以下简称《食品添加剂使用标准》。

合、聚合、成盐等合成反应所得的物质，诸如山梨酸钾等防腐剂和各种合成色素。

目前我国获批准使用的食品添加剂分为23类，共2600多种。世界各国批准的食品添加剂加起来超过25000种，其中美国允许使用的食品添加剂品种超过3000种，甚至包括我国曾明令禁止的“瘦肉精”。由此可见，我国制定的食品添加剂使用标准是相当严格的。

此外，我国对食品添加剂的监管也极为严格，在审批食品添加剂时遵循两条原则，即必要性和安全性，必须确保使用该添加剂能改善食品质量，确保在合法合理的用量下不会危害食用者的身体健康。对于列入国家标准的食品添加剂，我国相关部门不仅会进行安全性评价与审查，还会向公众公开征求意见。

2. 食品添加剂有何用途?

食品行业有一句广为流传的话：没有食品添加剂，就没有现代食品工业。这句话并非妄言，至少能说明食品添加剂在现代食品制作中的重要作用。一般来说，使用食品添加剂有以下几个作用：

第一，降低食品在制作过程中的营养损耗，保持或提高食品本身的营养价值。如铁强化酱油里就含有政府批准使用的营养强化剂，能够防止铁缺乏和缺铁性贫血，促进营养平衡，改善人们的缺铁状况。

第二，作为某些特殊膳食用食品的必要配料或成分。如婴幼儿配方食品中添加的酸度调节剂碳酸钾、碳酸氢钾，能够降低奶粉的 pH 值，抑制微生物繁殖，从而保障奶粉的品质。

第三，提高食品的质量和稳定性。抗氧化剂是食用油不可或缺的添加剂之一。食用油在贮藏时容易氧化进而酸败变质，抗氧化剂能够延缓油脂氧化变质的时间，从而延长保质期。

第四，食品的感官性状（色、香、味、形等）是评价食品的重要指标。食品添加剂能够改善食品的感官性状，提升口感。比如，果冻和冰淇淋中添加的乳化剂卡拉胶，给人们带来了丰富的口感体验。

第五，便于食品的生产、加工、包装、运输或贮藏。例如，以葡萄糖酸-δ-内酯为凝固剂制作豆腐，不仅能够提高保水率和产量，还有利于豆腐的自动化加工生产。

显然，食品添加剂已经成为现代食品工业的标志。值得注意的是，食品添加剂并非现代食品工业诞生之后才有的，而是随着经济与科技发展自然出现的产物。早在一千年前，我国古代劳动人民便利用大米发酵制成红曲米来提取红色色素，为食物上色。

3. 食品添加剂对人体有无危害？

食品添加剂一直是媒体和公众重点关注的对象。很长一段时间内，我们的日常生活和网络空间内都流传着食品添加剂有害的言论，比如“防腐剂里有致癌物，人们摄入后会在体内长期积累，不仅自己会得癌症，还会危害下一代的健康”。这样的话乍一看好像是有道理的，但其实缺乏科学说服力。防腐剂在哪些食品中使用？为什么防腐剂会致癌？防腐剂里的致癌物到底是什么？是苯甲酸钠与胃酸发生反应生成的苯甲酸，还是亚硝酸盐与蛋白质中的氨基酸反应生成的亚硝胺？多大剂量的苯甲酸和亚硝胺会对人体健康产生威胁？

所以，我们首先要树立一个观念：了解食品添加剂的使用范围和使用剂量是谈论其危害性的前提条件，使用范围和使用剂量上的差别会带来完全不同的结果。

实际上，我国的《食品添加剂使用标准》对食品添加剂的使用范围和使用剂量都做出了明确规定。这些“使用范围和使用剂量”都是经过国家安全性评估确认的，不会给人体带来危害。此外，从生理学角度来说，适量摄入食品添加剂对人体也是没有危害的。食品添加剂在进入人体之后会经历一系列的代谢反应，部分无法被吸收的物质会随尿液排出体外，而另一部分在分解或同化后也会变成水或二氧化碳等，吸收这些物质对人体是没有影响的。所以，商家应该严格按照《食品添加剂使用标准》来生产食品，而消费者也应该了解这些标准，一方面可以避免无谓的恐慌，另一方面也能更好地维护自己的合法权益。

4. 公众对食品添加剂存在哪些认知误区？

近年来，随着我国食品工业的飞速发展，食品品种也越来越多。超市的展柜里陈列着的食物令人目不暇接，为人们的生活增添了许多滋味。然而，大众在享受食品工业快速发展所带来的成果时，对食品添加剂的了解却并不全面。所以，如何对网络上虚虚实实的言论进行有效甄别就显得尤为重要了。

首先，我们应该要知道，食品添加剂和非食用物质是两种完全不同的概念。根据前述定义可知，食品添加剂存在的根本出发点是“改善食品品质”，即为人们提供更高品质的食品，这决定了添加的那些物质无论是天然的还是人工合成的，都必须是可食用的。也就是说，标准用量的食品添加剂本身是没有问题的。

那什么是非食用物质呢？根据原卫生部[①]多次公布的《食品中可能违法添加的非食用物质和易滥用的食品添加剂名单》的公告来看，非食用物质主要是指那些不属于传统上认为的食品原料、不属于批准使用的新资源食品[②]、不属于药食两用或作为普通食品管理的、未列入《食品添加剂使用标准》《食品安全国家标准　食品营养强化剂使用标准》(GB14880-2012)[③]及原卫生部食品添加剂相关公告的物质。如何判断一种物质是否属于非食用物质呢？只

① 现称中华人民共和国国家卫生健康委员会，简称国家卫健委。下文同。

② 现已更名为新食品原料。下文同。

③ 以下简称《食品营养强化剂使用标准》。

要记住两点：一是非食用物质会给人体带来危害；二是法律未允许在食品中添加这些物质。比如苏丹红、吊白块、三聚氰胺等，都属于非食用物质。

为什么人们容易将非食用物质和食品添加剂混为一谈呢？主要原因在于，每当出现食品安全事件时，舆论的矛头都会指向“添加物”。消费者不了解此二者的区别，将非食用物质引发的食品安全问题都笼统地归咎于食品添加剂，久而久之便加重了食品添加剂的“罪孽”，也加深了人们对它的误解。

其次，要谨防“纯天然”“零添加”的陷阱。

出于上述原因，现在很多食品会将“绿色”“纯天然”“零添加”等作为卖点来宣传。消费者也更加信任这类产品，似乎这些字眼代表着健康和品质。实际上，标注“零添加”的食品并非不使用任何食品添加剂，而只是不添加特定种类的食品添加剂罢了。此外，所谓“纯天然食品”也不一定比加入添加剂的食品更可靠，大部分未经检测的“纯天然食品”都可能存在农药残留或重金属超标的问题，腐坏变质的可能性也更大。国家市场监督管理总局发布的《食品标识监督管理办法（征求意见稿）》曾经规定，食品标签上不得标注“不添加”“零添加”“不含有”或类似字样。

再者，我们的生活已经离不开食品添加剂。

近年来，由于网络传播，人们对食品添加剂的排斥加剧了。不少人相信，不使用食品添加剂的食品，才是品质更高的。事实上，离开食品添加剂，我们的正常饮食会受到很大影响。比如，离开碳酸氢钠，馒头和包子就不会这么柔软蓬松；离开葡萄糖酸-δ-内酯，豆腐也很难凝固成型；离开合法的防腐剂，很多食物的保质期会大大缩短，基本无法运输和保存；离开抗氧化剂，食用油容易氧化变质；离开面粉处理剂，面条一煮就碎；等等。可以说，离开食品添加剂，我们的日常饮食生活将被全盘打乱，食品种类也会越来越少。到那时，或许大家就要开始担心“明天还能吃什么”了。

常见食品添加剂和应用范围

如今，食品的口感越来越丰富，层出不穷的新品种也迎合了人们对饮食多样化的需求，这一切都与食品添加剂有密不可分的关系。生活中，我们时刻在与食品添加剂打交道：乳化剂让冰淇淋更加柔腻，膨松剂让面包更加松软，食用色素让糖果的色彩更加缤纷……若要同时改善食品的风味、营养结构、组织状态等，则需要多种食品添加剂共同配合，有时为了降低加工难度也要借助食品添加剂，生产工序繁杂的食品可能会用到多种食品添加剂。但即便我们如此依赖食品添加剂，它在生产加工时的用量也只占极少的一部分。

食品添加剂最常见的分类方法是按功能来分，我国有 2600 多种食品添加剂，可分成 23 类，分别是酸度调节剂、抗结剂、消泡剂、抗氧化剂、漂白剂、膨松剂、胶基糖果中基础剂物质、着色剂、护色剂、乳化剂、酶制剂、增味剂、面粉处理剂、被膜剂、水分保持剂、营养强化剂、防腐剂、稳定剂和凝固剂、甜味剂、增稠剂、食品用香料、食品工业用加工助剂、其他。事实上，几乎所有的食品添加剂都能从命名上看出它的用途，我们一起来了解一下吧。

酸度调节剂

酸度调节剂，顾名思义，它是一种能够维持或改变食品酸碱度的物质，又被称作 pH 调节剂。我国目前批准使用的酸度调节剂有数十种，其中包括柠檬酸、磷酸、乳酸、酒石酸、苹果酸、乙酸、富马酸、己二酸、盐酸、氢氧化钙、碳酸钠、柠檬酸钠、碳酸氢钾。酸度调节剂主要用于调整或平衡食品风味，如酒石酸能强化葡萄香味，柠檬酸能减少异味。原本口味平淡、甜味单调的糖果或果汁饮料，在加入酸度调节剂改变糖酸比之后，就能变得十分可口。

不同的酸度调节剂能够提供不同的酸味体验，功用也各有侧重。乳酸较为柔和，适量摄入令人愉悦；柠檬酸清凉圆润，能调节 pH 值，抑制微生物繁殖，有效延长食品的保质期；乙酸较为刺激，能改善食用者的食欲，增强肠胃蠕动，促进消化。此外，在食品中添加酸度调节剂还能中和食品中残留的酸性或碱性物质。在水果加工工厂，利用稀盐酸中和水果罐头中可能残留的氢氧化钠是一种常见做法。

抗结剂

一种能防止粉状颗粒凝结成块，使其保持松散状态或自由流动的物质，常用于颗粒或粉末状食品中。常见的抗结剂包括亚铁氰化钾、硅酸钙、滑石粉、磷酸三钙、二氧化硅、硬脂酸镁等。

经常下厨的人都知道，糖、盐、鸡精等调味料最好密封保存并放在阴凉通风处，否则天气湿热时就会受潮结块。原因很简单，它们吸收了空气或环境中的水分或油分。结块虽不影响口感和暂时食用，但也不利于保质。抗结剂就是针对这种情况来使用的。抗结剂也是各有所长，能通过不同的手段防止结块。有些抗结剂具有吸附作用，如二氧化硅，能吸附空气中的水分，保持粉末的干燥状态，因而常用于蛋白粉和奶粉中。有些抗结剂可以直接改变食品本身的特性，使之由“易结块体质”转变为“不易结块体质”，如食盐中添加的亚铁氰化钾，能够将食盐的正六面体结晶转变成星状结晶，以此实现抗结效果。

消泡剂

在食品加工过程中，如发酵食品、加工豆类、添加高分子乳化剂等，都会产生大量泡沫。这些存在于液体或固体中的不溶性气体令食品生产极度受限，不仅降低了生产进度和效率，还造成了原料的浪费。若不处理干净，泡沫会残留在成品中，改变食品风味不说，还会让人质疑食品的质量。消泡剂易于铺展在泡沫液膜上，利用自身较低的表面张力和较强的吸附力来降低泡沫的表面张力，增加气液接触面，带走邻近表面的溶液，使液膜局部变薄，从而令泡沫破裂。消泡剂在溶液表面铺展得越快，对泡沫的破坏就越快，不仅能够消除已有的泡沫，还能抑制泡沫产生。常见的消泡剂包括乳化硅油、聚氧丙烯甘油醚、高碳醇脂肪酸酯复合物等。

抗氧化剂

一种能够防止或延缓食品氧化分解、变质，提高食品稳定性并延长贮藏期的食品添加剂。我国目前常用的抗氧化剂包括维生素 E、没食子酸丙酯、抗坏血酸、茶多酚、丁基羟基茴香醚、二丁基羟基甲苯、特丁基对苯二酚、植酸、磷脂、迷迭香提取物等。

食品在生产、加工与储藏过程中不可避免地会接触氧气，在光、热和金属离子的催化下发生氧化反应，不仅会影响风味，还会导致食品中的油脂酸败、褪色、褐变，甚至产生有害物质。食品在氧化变质后，其质量和营养价值都大大降低。误食此类食品可能会出现恶心、呕吐、腹泻、发烧等症状，也就是我们常说的“食物中毒”，对人体健康的危害性较大。因此，为了保障食品安全，在食品中添加抗氧化剂显得尤为重要。

抗氧化剂阻止氧化反应的方式主要是隔绝空气中的氧气、阻断氧化过程中的链反应、吸收或钝化自由基、封闭金属离子等，如抗氧化剂之一、作为氧清除剂使用的抗坏血酸，就是通过自身的氧化反应来清除罐头和瓶装食品中的残余氧气的。

漂白剂

除了我们熟知的氧化反应，酶促褐变也是加工食品时的常见反应。在切菜或切水果时，我们能看到果蔬表面发生明显变化，包括变褐色、褪色、失去原本色泽等，这就是果蔬中的酶引起的褐变。抛开食品色泽不好会影响食欲不说，这些变化还会导致营养流失，增加食品储藏的难度。在食品中添加漂白剂，能够有效破坏或抑制食品中的着色物质，使其褪色或免于褐变。它不仅能改善食品色泽，还能抑制微生物繁殖，起到防腐、抗氧化的作用。

漂白剂的种类虽多，但并非市场上所有的漂白剂都能用于食品加工，只有极少数安全性强的特殊品种才适用于食品生产。食品中常见的漂白剂有二氧化硫、硫磺、亚硫酸盐、亚硫酸钠等。其中，亚硫酸钠溶液可防止果蔬褐变和果汁颜色变化；亚硫酸盐能释放出二氧化硫，通过还原作用使果蔬中的色素分解或脱色。

膨松剂

在烘焙食品加工中添加膨松剂，能产生足量气体，改变食品的体积和结构，形成致密多孔组织，从而使食品的口感更加松软、酥脆，因此常用于制作面包、饼干、蛋糕、馒头和油条等食品。常见的食品膨松剂包括碳酸氢钠、碳酸氢铵、硫酸铝钾、硫酸铝铵、磷酸氢钙等。膨松剂在方便食品制造中占据重要地位。它除了能改善食品口感，还能加速食物的消化，促进营养吸收。不过，膨松剂中也含有危害人体健康的铝，长期过量摄入铝可能会对大脑造成损伤，引起记忆力减退和脑萎缩症状，造成智力发育障碍。因此食品工业正在寻求新的替代物，以减少使用硫酸铝钾和硫酸铝铵等。

胶基糖果中基础剂物质

胶基糖果中基础剂物质简称胶基，是一种使胶基糖果具有起泡性、咀嚼性，同时又不以营养为目的的物质。胶基糖果是一种不可吞咽、咀嚼之后必须吐掉的特殊糖果，虽然它听着很陌生，但实际上我们从小到大一直在吃的泡泡糖、口香糖等就属于此类糖果。

胶基是惰性聚合物，它一般不溶于水和乙醇，也不溶于唾液，即使咀嚼时误食腹中也不会被人体吸收，因此使用食品级胶基对人体毫无危害。

在食品工业中，胶基糖果中基础剂物质主要来源于天然橡胶和合成橡胶。其中天然橡胶包括糖胶树胶、巴拉塔树胶、马来乳胶等，合成橡胶包括丁苯橡胶、丁基橡胶等。

着色剂

在色、香、味、形四大感官要素中，人对食品色泽的反应最强烈，对食品品质的判断也往往基于颜色。若食品色泽与消费者预期相差太大，人们就会怀疑食品的新鲜程度，怀疑食品安全问题，继而影响食品销量。然而，天然食品在加工、储存过程中极易褪色或褐变，为了保留食品的原有色泽，适当添加食用色素是有必要的。当然，这里也要强调一个前提：在食品已然腐败变质的情况下，不可通过添加色素改变色泽来掩盖事实。

着色剂，也就是我们常说的食用色素，是一种能赋予食品色泽或改善食品色泽的食品添加剂。按照来源分类，食用色素可分为天然色素和合成色素两类。其中，天然色素主要是从植物、动物或微生物中提取而来的，主要包括类胡萝卜素类、花青素类、黄酮类。合成色素是指用化学合成方法制得的可食用色素，主要包括苋菜红、胭脂红、赤藓红、柠檬黄、日落黄、亮蓝等。合成色素虽饱受争议，但实验研究证明，只要遵照国家标准，严格控制合成色素的用量，就不会对人体造成危害。

护色剂

肉及肉制品中都存在某种呈色物质，这种呈色物质与护色剂发生反应，就能保证食品在生产、加工和保藏过程中保持良好色泽，从而增强消费者的购买欲和食欲。这种色泽是食品未经分解、破坏的天然表现，并非来自护色剂。护色剂本身不产生任何色泽。

我国使用护色剂的历史悠久，人们熟知的当属广泛运用于肉制品中的亚硝酸盐。亚硝酸盐在一定条件下会生成毒性较大的亚硝胺，过量摄入会危害人体健康，严重时或可致死。然而，亚硝酸盐对于保藏肉制品又不可或缺，它除了能增强肉制品的风味，对细菌、尤其是毒性极强的肉毒杆菌有着显著的抑制作用，因此被保留使用。《食品添加剂使用标准》严格规定了肉制品中亚硝酸盐的用量，适量摄入不会对人体产生危害。

食品工业中常用的护色剂还有硝酸钠、硝酸钾等。

乳化剂

作为一种表面活性物质，乳化剂通过降低乳化体中各种构成相之间的表面张力，能使互不相溶的构成相转变为均匀而稳定的分散体或乳化体。乳化剂在食品的生产和加工中用途广泛，对改善食品加工性能、改善食品品质、保持风味、延长保鲜期等至关重要。几乎所有的食品在加工时都要用到乳化剂，如焙烤食品、人造奶油、乳制品及仿乳制品、冷饮、肉制品、豆制品、糖果、饮料、罐头等。对于烘焙食品，它能提高发泡性，改善组织结构和口感；对于肉制品，它能使油脂乳化，均匀地分布；对于糖果，它能降低糖膏黏度，防止糖果粘牙；对于豆制品，它能抑制发泡，提高保水率……用处如此之多，使得乳化剂成为需求与消耗量最大的一种添加剂。

常见的乳化剂有蔗糖脂肪酸酯、酪蛋白酸钠、司盘、吐温、聚甘油脂肪酸酯、硬脂酰乳酸钙、氢化松香甘油酯、辛癸酸甘油酯等。

酶制剂

一种由动物或植物的可食或非可食部分直接提取，或由传统或通过基因修饰的微生物（包括但不限于细菌、放线菌、真菌菌种）发酵、提取制得，用于食品加工，具有特殊催化功能的生物制品。酶制剂保留了酶的催化特性，能够催化食品加工过程中的各种化学反应，具有用量少、催化效率高、专一性强、反应温和等特点。酶制剂用途广泛，无论是加工果蔬、酿造饮品，还是发酵焙烤食品都离不开它。用酶制剂加工肉类不仅不会残留有害成分，还能简化生产工序，降低原料消耗，提高肉的品质。

由于酶制剂保留了酶的生物特性，一些能够影响酶活性的因素，如温度、pH 值、反应介质等，同样会影响酶制剂的催化活性。我国常见的酶制剂有淀粉酶、蛋白酶、纤维素酶、果胶酶、β-葡聚糖酶、植酸酶等。

增味剂

能够补充或增强食品原有风味的食品添加剂。增味剂不改变食品原本的各种风味——酸、甜、苦、辣、咸、鲜等，只在食品原料的基础风味无法满足消费者需求的前提下，通过添加增味剂，增强食品原料的风味特征，使消费者感受到更显著、更鲜美的味道。增味剂本身具有的鲜味也会刺激消费者的感官，使其得到更可口的饮食体验。

要说人们最熟悉的增味剂，必定是谷氨酸钠，也就是我们常说的味精。谷氨酸存在于各种生物体中，是组成蛋白质的20种氨基酸之一，谷氨酸钠是它的钠盐形式。国内外的许多研究都已证明适量——其实就是日常用量——食用味精并无危害，毕竟谁也不会像吃米饭一样摄入味精或任何一种食品添加剂。

其余常见的增味剂还包括5'-呈味核苷酸二钠、琥珀酸二钠、L-丙氨酸、氨基乙酸等。

面粉处理剂

一种能促进面粉熟化并提高制品质量的食品添加剂。小麦粉在进入销售环节之前还要经历漂白和熟化的工序，漂白使含有类胡萝卜素的淡黄色小麦变白，提高了面粉的色泽质量；熟化改变了面粉原先的质地，使面粉不易黏结，韧性也增强了，更有利于加工和烘焙。但自然情况下，小麦要经历一两个月的仓储时间才能完成熟化过程。这样一来，生产的周期和成本都增加了，不利于扩大产品规模。有了面粉处理剂，就能缩短面粉的熟化时间，对提高生产效率、降低成本大有益处。

我国常见的面粉处理剂包括碳酸镁、碳酸钙、L-半胱氨酸盐酸盐、偶氮甲酰胺。

被膜剂

一种涂抹于食品表面，起保质、保鲜、上光、防止水分蒸发等作用的物质，具有无毒无害、无色无味、易溶于水等优良特性。被膜剂不仅具有美化功能，还能防止霉菌侵蚀、抑制水分蒸发或吸收。果蔬的呼吸作用会加速腐败，在新采摘的果蔬表面涂抹一层被膜剂，能够延缓果蔬的氧化变质，减少水分蒸发，延长保鲜期和保质期。暴露在空气中的冷冻食品一旦受潮就会导致质量下降，被膜剂形成的薄膜能有效隔绝水分，保持产品质量的稳定。糖果表面的薄膜不仅能提升光泽，还能防止糖果吸收水分后相互粘连。

我国《食品添加剂使用标准》中批准使用的被膜剂除

了天然的蜂蜡、巴西棕榈蜡、紫胶、硬脂酸、普鲁兰多糖、吗啉脂肪酸盐等，也有合成的白油、松香季戊四醇酯、聚乙二醇、聚乙烯醇等。

水分保持剂

一种有助于保持食品中的水分,改善食品品质的物质。我国最常用的水分保持剂是不同形式的磷酸盐，比如磷酸二氢钙、磷酸二氢钾、磷酸氢二钾、磷酸三钾、磷酸三钠等，多用于加工肉和水产品。通过调节 pH 值、与金属离子相互作用、解离肌动球蛋白等方式，磷酸盐能够留住食品中的水分，增强持水性，减少营养流失。除此之外，添加磷酸盐还能防止果蔬中的天然色素或加工食品中的合成色素褪色、变色，改善食材口感。

磷酸盐得到广泛运用的同时，其安全性也备受质疑。长期过量摄入磷酸盐，会破坏人体内的钙磷比，影响人体对钙的吸收，从而造成缺钙、结石等问题。《食品添加剂使用标准》严格规定了食品中的磷酸盐含量，按照国标要求适量摄入磷酸盐是不会危害身体健康的。

营养强化剂

为了增加食品的营养成分（价值）而添加到食品中的天然或人工合成的营养素或其他营养成分，其中营养素包括蛋白质、脂肪、碳水化合物、矿物质、维生素等，其他营养成分指除营养素以外的具有营养和（或）生理功能的其他食物成分。根据《食品营养强化剂使用标准》，我国规定允许使用的营养强化剂大致可以分成四类，用于补充人体所需而食品中匮乏的物质。

1. 氨基酸类，针对人体必需的氨基酸进行补充。我国允许使用的氨基酸类营养强化剂包括 L- 赖氨酸、L- 色氨酸、牛磺酸等。

2. 维生素类，针对人体必需的维生素进行补充。《食品营养强化剂使用标准》允许使用的维生素类营养强化剂包括维生素 A、维生素 D、维生素 E、维生素 B_1、抗坏血酸、叶酸、胆碱、肌醇等。

3. 矿物质类，针对人体必需的矿物元素进行补充，包括铁、钙、锌、硒、镁、铜、锰、钾、磷等。

4. 脂肪酸类，针对人体必需的脂肪酸进行补充。《食品营养强化剂使用标准》允许膳食中添加二十二碳六烯酸、花生四烯酸等不饱和脂肪酸。

营养强化剂不仅能针对地域性因素或饮食习惯因素带来的营养匮乏加以补充，对于食品在加工储藏过程中流失的营养也能进行二次弥补。它补充的都是人体所需的营养物质，且能在体内正常代谢，因而对身体无害。

防腐剂

生活经验告诉我们，食物做好之后要尽快吃完，不可久置，否则会吃坏肚子。为什么会吃坏肚子？主要原因在于食物中滋生了大量危害人体的微生物和真菌毒素，也就是人们常说的食物腐败。水果腐坏会产生霉菌，谷物霉变会产生毒性极强的黄曲霉毒素，肉制品变质更是会产生致命的肉毒杆菌毒素，这些东西吃进肚子里的后果不堪设想。但食物若是吃不完就扔也过于浪费，于是一种能够防止食品腐败变质、延长食品储存期的添加剂——防腐剂就应运而生了。

在延长食品保质期的同时，防腐剂也降低了食品在生产、加工、包装过程中的损耗，减少了浪费，提升了资源利用率。可以说，使用防腐剂已经成为当前最有效、最经济的食品贮藏方法之一，对现代食品工业而言意义重大。

我国常用的食品防腐剂主要包括双乙酸钠、二氧化碳、脱氢乙酸及其钠盐、苯甲酸及其钠盐、山梨酸及其钾盐、丙酸盐、纳他霉素等，它们都具有抑菌、抗氧化的作用。《食品添加剂使用标准》严格规定了各类防腐剂在不同食品中的最大添加量，因此，食用添加了符合国家标准的防腐剂的食品不会对人体造成损害。

稳定剂和凝固剂

一种能够保持食品结构稳定或使食品组织结构不变，增强黏性固形物的食品添加剂。按照用途的不同，稳定剂和凝固剂可分为以下几类：

1. 凝固剂，主要用于制作不溶性凝胶状食品，它能使豆浆凝固成豆腐或豆腐干，也能制作果冻。常见凝固剂包括氯化镁、硫酸钙、葡萄糖酸-δ-内酯等。

2. 果蔬硬化剂，通过加强果胶分子的交联反应，使果蔬中的果胶酸变成果胶酸钙凝胶，防止果蔬软化。常见硬化剂为氯化钙等钙盐类物质。

3. 螯合剂，能够消除易引起食品氧化、脱色的金属离子，从而提高食品的质量和稳定性。乙二胺四乙酸二钠和葡萄糖酸－δ－内酯都可用作螯合剂。

4. 罐头除氧剂，主要指的是柠檬酸亚锡二钠，能与果蔬罐头中的残留氧气发生反应，实现抗氧化、防腐、护色的功用，从而保护罐头食品的色泽和风味。

5. 保湿剂，最常见的就是丙二醇。在面条中添加丙二醇，能增添面食的弹性和光泽，防止面条干裂；在豆腐中添加丙二醇能够增白，提升风味。

甜味剂

一种能赋予食品甜味的物质。甜味剂具有甜度高、热值低、用量少等特点，能够满足人们对甜味的追求，改善食品口感，因而广泛应用于食品工业，成为需求量最大的一种食品添加剂。

以营养价值为标准，甜味剂可分为营养型和非营养型；以来源为标准可分为天然甜味剂和人工合成甜味剂；以甜度为标准可分为高倍甜味剂和填充型甜味剂。高倍甜味剂如甘草素、甜菊糖苷、罗汉果素、阿斯巴甜等，其相对甜度是蔗糖相对甜度的数百倍，但这类甜味剂仅仅满足人的甜味需求，其本身热量极低，无营养价值，不易被人体吸收，比较适用于肥胖症、糖尿病患者。需要注意的是，苯丙酮尿症患者不宜使用阿斯巴甜。填充型甜味剂包括单糖、低聚糖、糖醇等，其中单糖和低聚糖能够产生热量和营养，在食品生产加工中是作为原料（糖类）使用的。而糖醇有甜味，热量又低，常见于低热、低脂和无糖食品中，深受减肥和健身人士喜爱。

我国批准使用的食品级甜味剂都经过安全性评估，因而适量食用无须有心理负担。

增稠剂

一种可以提高食品的黏稠度或形成凝胶，从而改变食品的物理性状，赋予食品黏润、适宜的口感，并兼有乳化、稳定或使呈悬浮状态作用的物质。增稠剂适用于果冻、软糖、巧克力等食品，能够起到胶凝作用。

我国批准使用的增稠剂包括琼脂、明胶、海藻酸钠、果胶、卡拉胶、阿拉伯胶、黄原胶、海藻酸丙二醇酯、罗望子多糖胶等。其中琼脂凝胶硬度高、质地脆，能保持糖果的光滑性，防止与外包装粘连，最适合作为糖类食品的胶凝剂使用。而果胶凝胶风味绝佳，适用于果味制品。食品中添加的增稠剂必须在《食品添加剂使用标准》规定的剂量范围内，因而于身体无害。

食品用香料

食品用香料是一种用于调配食品香精，为食品增添香味的物质，包括天然香料和合成香料。一般来说，食品用香料在配制成食品用香精后才可用于提味，大多数香料不能直接、单独作为香精使用。食品用香料除了能够增加食品香味，还可以掩盖食品的某些异味，如肉食的腥味和膻味等。换一种角度来看，浓厚的香味更能勾起人的食欲，刺激人的唾液分泌，从而促进营养吸收。

然而天然香料在加工处理时容易流失成分，导致香料制品无法呈现香料原本的风味。为了能够产生更丰富的香味，用多种香料制成的食品用香精就诞生了。食品用香精由多种食品用香料和食品添加剂混合制成，同样也能为食品增香。食品用香精包括油溶性香精、乳化香精、粉末香精等。

食品工业用加工助剂

食品工业用加工助剂与食品本身无关，而是为了保障食品加工顺利进行，因此加工助剂的用途主要在于助滤、澄清、吸附、润滑、脱模、脱色、脱皮、提取溶剂等。使用加工助剂有三大原则：一是无必要不添加；二是以最低的使用量实现预期目标；三是尽可能降低最终成品中的助剂残留，保证残留量于人体无害。常见的加工助剂包括氨水、丙三醇、丙酮、二氧化硅、二氧化碳、硅藻土、活性炭、磷脂、硫酸钙等。《食品添加剂使用标准》严格规定了食品工业用加工助剂的使用范围和用量，在规定范围内使用食品工业用加工助剂不会危害身体健康。

其他

《食品添加剂使用标准》批准使用的、不属于上述 22 种食品添加剂的物质，主要包括作为氧化剂使用的高锰酸钾，作为调味剂使用的咖啡因和氯化钾，具有促进吸收功能的异构化乳糖液，增强代谢功能的半乳甘露聚糖，以及能够抑制油脂结晶的羟基硬脂精等。

如何看懂食品配料表

如今很多消费者在购买食品时，已经养成了查看食品生产日期和保质期的良好习惯，但对食品配料表的关注还不够。事实上，食品配料表中蕴含着大量的信息，它向我们直观地展示了食品的主要原材料和营养成分，还告诉我们食品在加工、生产或包装过程中用了哪些食品添加剂。掌握这些信息有助于消费者合理选择食品、平衡膳食营养，同时也能规避食用风险。比如，高血压患者就不能挑选钠盐含量高的食品，糖尿病患者得选择糖分含量低的食品，苯丙酮尿症病人不能吃阿斯巴甜或苯丙氨酸含量高的食品。

那么，食品配料表应该怎么看呢？

一要看食品配料表上的排列顺序。我国《食品安全国家标准　预包装食品营养标签通则》（GB28050—2011）实施以来，食品营养标签上不仅会标示主要配料的用量范围，如奶制品上一般会标注生牛乳或蛋白质的含量，还会按照用量由多到少的顺序来排列食品配料，即排在首位的是添加量最多的配料，置于末位的则是用量最少的配料。了解食品的原料及其比例能够帮助消费者判断食品的营养品质。面对奶制品行业中铺天盖地的虚假宣传，消费者只需要参考排在首位的原料就可以看出该产品的营养价值，比如，水和白砂糖占比更高的所谓"高营养"奶制品实际上跟牛奶已经没什么关系了，其营养价值与饮料无异。

二要找出食品配料表中的"隐形杀手"。所谓"隐形杀手"指的是食品中可能含有的反式脂肪酸。反式脂肪酸本身虽然可以食用，但并不是人体必需的营养物质，过量摄入会导致血液胆固醇增高，诱发心血管疾病。因此世界各地都在限制反式脂肪酸的使用，并呼吁人们减少摄入。反式脂肪酸主要来自部分氢化处理的植物油，常见于反复高温烹炸的食品或烘焙食品，如薯条、爆米花、饼干和蛋糕等。很多人爱喝的奶茶中也加入了植脂末或代可可脂，这些都可能含有反式脂肪酸。

怎样辨别食品中是否含有反式脂肪酸？如果食品配料表中含有“代可可脂”“植物奶油”“人造黄油”“部分氢化植物油”“氢化棕榈油”“氢化脂肪”“起酥油”“植脂末”等字样，就说明该食品中可能含有反式脂肪酸。因此，消费者应该尽量避免过多食用含有此类物质的食品。

三要看配料中的食品添加剂。尽管适量、合理使用食品添加剂对正常人群并无危害，但正如前文所述，对于那些本身就患有基础疾病的人来说，还是要结合自身的情况来甄别食品添加剂。除此之外，要想吃得更新鲜、更有营养，购买加工工序较少、防腐剂含量较低的食品也是很有必要的。只有看懂了食品配料表，才能知道什么是自己真正需要的食品。

第二章

如何识别有毒、有害食品

什么是非法使用添加物

正如第一章所述，食品添加剂是现代食品工业的重要支柱，在某种程度上也是生活必需品。所以，我们不必一听到“添加剂”就恐慌、反感，在规定的使用范围和用量内使用食品添加剂是安全的。然而，总有一些不良商家利欲熏心，试图通过在食品中非法使用添加物来降低成本或以次充好，严重危害老百姓的身体健康。

非法使用添加物主要包括两种情况。第一种情况是违法添加非食用物质，包括但不限于一些运用较广且价格低廉的化工原料，如人们熟知的三聚氰胺、苏丹红、“瘦肉精”等。第二种情况是违法滥用食品添加剂，常见以下三种情形。

超出规定用量使用食品添加剂，没有严格按照《食品添加剂使用标准》中规定的使用量使用食品添加剂。全国各省、市、区、县的市场监督管理局在抽检后都会通报这样的案例，对此感兴趣的读者可以通过各地市场监督管理局的官网查看相关案例。

超范围使用食品添加剂，如滥用着色剂，在大米、面条、茶叶中加入色素。还有超出食品添加剂的允许使用品种的情况，比如，浙江省某地市场监督管理局发布检验报告，显示某品牌 2 批次纯牛奶含有丙二醇，系不合格食品。丙二醇常用作乳化剂、增稠剂、稳定剂和凝固剂，按照规定可用于生湿面制品（如面条、饺子皮、馄饨皮、烧麦皮）和糕点中，但不能用于乳制品中。丙二醇的酯化物——丙二醇脂肪酸酯能在乳及乳制品中使用，但不能用于巴氏杀菌乳和灭菌乳。

违反食品添加剂的使用原则。使用食品添加剂是为了改善食品工艺，满足人们对食品色、香、味的需求。如果出于掩盖食品质量缺陷的目的来使用食品添加剂，则可能会损害消费者的身体健康，属于违法滥用食品添加剂。

滥用食品添加剂的危害

虽然按照国家标准使用食品添加剂是安全的，但长期食用食品添加剂超标的食品则会威胁身体健康，我们可以举一些例子。

长期食用防腐剂超标的食物，比如某些劣质的腌制品、咸菜、蜜饯等，轻则引发过敏反应，重则损害肠胃、肝脏等。

长期食用亚硝酸盐超标的食物，比如某些不合格的腊肉腊鱼、泡菜、咸菜等，会给肝脏、肾脏等人体重要器官带来危害，甚至可能增加患癌的几率。

长期食用合成色素超标的食物，比如某些不合格的饮料、罐头等，可能会干扰人体正常的代谢功能，严重时还会影响儿童的智力发育。值得注意的是，一些合成色素如日落黄，虽广泛应用于各类饮料，但依照国家标准，其使用范围并不包括茶饮料和咖啡饮料，因此在茶饮料中添加日落黄也是违规的。

长期食用糖精钠超标的食物，比如某些不合格的麻花、月饼、糕点等，不仅毫无营养价值，还会影响消化酶的正常分泌，导致人体的吸收能力下降，使人变得越来越没有食欲。短时间内食用大量糖精钠则可能造成血小板减少，增加脏器受损的风险。

长期食用明矾超标的油炸食品，比如某些不合格的油条、油饼等，人体内会积累过多的铝元素，可能出现骨质疏松、贫血等症状，甚而影响神经细胞的发育。

识别“非食用物质”的五个基本原则

原卫生部2008年发布的《关于印发〈食品中可能违法添加的非食用物质和易滥用的食品添加剂品种名单（第一批）〉的通知》，明确提到了判定非食用物质的五个原则。

1. 不属于传统上认为是食品原料的

《中华人民共和国食品安全法》[①] 对食品的定义是：各

①2009年2月28日第十一届全国人民代表大会常务委员会第七次会议通过，2015年4月24日第十二届全国人民代表大会常务委员会第十四次会议修订，根据2018年12月29日第十三届全国人民代表大会常务委员会第七次会议《关于修改〈中华人民共和国产品质量法〉等五部法律的决定》第一次修正，根据2021年4月29日第十三届全国人民代表大会常务委员会第二十八次会议《关于修改〈中华人民共和国道路交通安全法〉等八部法律的决定》第二次修正。以下简称《食品安全法》。

种供人食用或者饮用的成品和原料以及按照传统既是食品又是中药材的物品，但是不包括以治疗为目的的物品。这个定义中就包含了“食品原料”。判断某种物质是否是食品原料，可以先参照《新食品原料安全性审查管理办法》《“三新食品”目录及适用的食品安全标准》《可用于婴幼儿食品的菌种名单》《中国食物成分表（标准版）》[①]等规范性文件对食品原料的界定或归纳，再考虑其是否具有传统食用习惯[②]。例如，在罂粟壳、辣椒、罐头、腊肠四种食物中，只有罂粟壳不是传统食品原料，也就是非食用物质。食品生产中是禁止使用非食用物质的，火锅或麻辣烫底料中如果加入了罂粟壳，就变成了非食用物质。

2. 不属于批准使用的新资源食品的

新资源食品是指在中国新研制、新发现、新引进的无食用习惯的，符合食品基本要求，对人体无毒无害的物品。

---

①《中国食物成分表（标准版）》第6版，中国疾病预防控制中心营养与健康所编著。

②传统食用习惯，是指某种食品在省辖区域内有30年以上作为定型或者非定型包装食品生产经营的历史，并且未载入《中华人民共和国药典》。

据原卫生部发布的《新资源食品管理办法》，新资源食品包括以下四类：

（1）在我国无食用习惯的动物、植物和微生物；

（2）从动物、植物、微生物中分离的在我国无食用习惯的食品原料；

（3）在食品加工过程中使用的微生物新品种；

（4）因采用新工艺生产导致原有成分或者结构发生改变的食品原料。

值得注意的是，新资源食品必须要向中央主管部门提交申请，经过审核之后才能认定。自2008年以来，政府相关公告批准的新资源食品，逐渐为大众所熟悉的有低聚半乳糖、水解蛋黄粉、多聚果糖、茶叶籽油、鱼油及提取物、DHA藻油、牡丹籽油、人参（人工种植）、奇亚籽、嗜酸乳杆菌等。

3. 不属于卫生部公布的食药两用或作为普通食品管理物质的

《食品安全法》规定："生产经营的食品中不得添加药

品，但是可以添加按照传统既是食品又是中药材的物质[①]。”

2002 年，原卫生部发布《关于进一步规范保健食品原料管理的通知》，公布了 87 种食药物质，在相关网站均可查到。其中为人们熟知的有丁香、刀豆、山药、山楂、马齿苋、乌梅、木瓜、甘草、龙眼肉（桂圆）、决明子、麦芽、金银花、槐花、鱼腥草、罗汉果、姜（生姜、干姜）、枸杞子、栀子、胖大海、茯苓、桃仁、桑叶、桔梗、荷叶、莲子、菊花、紫苏、黑芝麻、淡竹叶、黑胡椒、蒲公英、橘皮、藿香、薄荷、阿胶、蜂蜜等。

2019 年，国家卫健委公布了《当归等 6 种新增按照传统既是食品又是中药材的物质目录》，将当归、山柰、西红花、草果、姜黄、荜茇纳入食药物质目录，但仅作为香辛料和调料品使用。

2023 年，国家卫健委又发布了《党参等 9 种新增按照传统既是食品又是中药材的物质目录》，这 9 种物质即党参、肉苁蓉、铁皮石斛、西洋参、黄芪、灵芝、天麻、山茱萸、杜仲叶。

2022 年 9 月，浙江某月子中心在鸡汤中加入党参，

---

① 以下简称食药物质。

被相关部门以“生产经营中非法添加药品”为由罚款3万元。因为根据国家卫健委官网上的信息，当时党参尚未确定为食药物质，只是在部分省份展开了生产经营试点工作，被处罚的月子中心所在的浙江省彼时并不属于试点区域。

截至2023年12月，共102种物质被正式纳入食药物质目录，在限定使用范围和剂量的前提下，这些物质是可以添加到食品中的。

4. 未列入我国食品添加剂［《食品添加剂使用卫生标准》（GB2760—2007）及卫生部食品添加剂公告］、营养强化剂品种名单［《食品营养强化剂使用卫生标准》（GB14880—1994）及卫生部食品添加剂公告］的

GB2760标准有不同的版本，从1981年制定《食品添加剂使用卫生标准》开始，目前已更新至2014年版《食品安全国家标准　食品添加剂使用标准》，并在2021年发布了新版的征求意见稿。GB14880标准自1994年版《食品营养强化剂使用卫生标准》开始，已更新至2012年版

《食品安全国家标准　食品营养强化剂使用标准》，确认一种物质是否属于合法的食品添加剂需要根据最新的公告名单。

5. 其他我国法律法规允许使用物质之外的物质

这句话的意思是，使用任何食品添加剂都必须符合法律法规的相关规定，不能违规随意使用乃至滥用。

对食品配料表上的某种添加剂感到陌生且充满疑问时，我们不妨去查查国家机关出台的各项标准、名单或目录，那才是最权威、最科学的。

为了保障消费者的健康，我国原卫生部自 2008 年以来已经陆续公布了六批《食品中可能违法添加的非食用物质和易滥用的食品添加剂名单》[1]。现根据国家卫健委网站上公布的信息整理出以下两张表格。

① 不同批次的公告名单在名称上略有差异，此处采用原卫生部在 2011 年汇总五批名单集中发布时使用的名称（同第六批）。

表 1 食品中可能违法添加的非食用物质名单

公布批次	序号	名称	可能添加的主要食品类别	可能涉及的主要作用
第一批	1	吊白块	腐竹、粉丝、面粉、竹笋	增白、保鲜、增加口感、防腐
	2	苏丹红	辣椒粉、含辣椒类的食品（辣椒酱、辣味调味品）	着色
	3	王金黄、块黄	腐皮	着色
	4	蛋白精、三聚氰胺	乳及乳制品	虚高蛋白含量
	5	硼酸与硼砂	腐竹、肉丸、凉粉、凉皮、面条、饺子皮	增筋
	6	硫氰酸钠	乳及乳制品	保鲜
	7	玫瑰红 B	调味品	着色
	8	美术绿	茶叶	着色
	9	碱性嫩黄	豆制品	着色
	10	工业用甲醛	海参、鱿鱼等干水产品、血豆腐	改善外观和质地
	11	工业用火碱	海参、鱿鱼等干水产品、生鲜乳	改善外观和质地
	12	一氧化碳	金枪鱼、三文鱼	改善色泽
	13	硫化钠	味精	
	14	工业硫黄	白砂糖、辣椒、蜜饯、银耳、龙眼、胡萝卜、姜等	漂白、防腐
	15	工业染料	小米、玉米粉、熟肉制品等	着色
	16	罂粟壳	火锅底料及小吃类	

续表

公布批次	序号	名称	可能添加的主要食品类别	可能涉及的主要作用
第二批	17	革皮水解物	乳与乳制品、含乳饮料	增加蛋白质含量
	18	溴酸钾	小麦粉	增筋
	19	β-内酰胺酶（金玉兰酶制剂）	乳与乳制品	掩蔽抗生素
	20	富马酸二甲酯	糕点	防腐、防虫
第三批	21	废弃食用油脂	食用油脂	掺假
	22	工业用矿物油	陈化大米	改善外观
	23	工业明胶	冰淇淋、肉皮冻等	改善形状、掺假
	24	工业酒精	勾兑假酒	降低成本
	25	敌敌畏	火腿、鱼干、咸鱼等制品	驱虫
	26	毛发水	酱油等	掺假
	27	工业用乙酸	勾兑食醋	调节酸度
第四批	28	肾上腺素受体激动剂类药物（盐酸克仑特罗，莱克多巴胺等）	猪肉、牛羊肉及肝脏等	提高瘦肉率
	29	硝基呋喃类药物	猪肉、禽肉、动物性水产品	抗感染
	30	玉米赤霉醇	牛羊肉及肝脏、牛奶	促进生长
	31	抗生素残渣	猪肉	抗感染
	32	镇静剂	猪肉	镇静，催眠，减少能耗
	33	荧光增白物质	双孢蘑菇、金针菇、白灵菇、面粉	增白
	34	工业氯化镁	木耳	增加重量
	35	磷化铝	木耳	防腐

续表

公布批次	序号	名称	可能添加的主要食品类别	可能涉及的主要作用
	36	馅料原料漂白剂	焙烤食品	漂白
	37	酸性橙 II	黄鱼、鲍汁、腌卤肉制品、红壳瓜子、辣椒面和豆瓣酱	增色
	38	氯霉素	生食水产品、肉制品、猪肠衣、蜂蜜	杀菌防腐
	39	喹诺酮类	麻辣烫类食品	杀菌防腐
	40	水玻璃	面制品	增加韧性
	41	孔雀石绿	鱼类	抗感染
	42	乌洛托品	腐竹、米线等	防腐
第五批	43	五氯酚钠	河蟹	灭螺、清除野杂鱼
	44	喹乙醇	水产养殖饲料	促生长
	45	碱性黄	大黄鱼	染色
	46	磺胺二甲嘧啶	叉烧肉类	防腐
	47	敌百虫	腌制食品	防腐

续表

公布批次	序号	名称	可能添加的主要食品类别	可能涉及的主要作用
第六批	48	邻苯二甲酸酯类物质，主要包括： 邻苯二甲酸二（2-乙基）己酯（DEHP）、 邻苯二甲酸二异壬酯（DINP）、 邻苯二甲酸二苯酯、 邻苯二甲酸二甲酯（DMP）、 邻苯二甲酸二乙酯（DEP）、 邻苯二甲酸二丁酯（DBP）、 邻苯二甲酸二戊酯（DPP）、 邻苯二甲酸二己酯（DHXP）、 邻苯二甲酸二壬酯（DNP）、 邻苯二甲酸二异丁酯（DIBP）、 邻苯二甲酸二环己酯（DCHP）、 邻苯二甲酸二正辛酯（DNOP）、 邻苯二甲酸丁基苄基酯（BBP）、 邻苯二甲酸二（2-甲氧基）乙酯（DMEP）、 邻苯二甲酸二（2-乙氧基）乙酯（DEEP）、 邻苯二甲酸二（2-丁氧基）乙酯（DBEP）、 邻苯二甲酸二（4-甲基-2-戊基）酯（BMPP）等。	乳化剂类食品添加剂、使用乳化剂的其他类食品添加剂或食品等。	

表 2　食品中可能滥用的食品添加剂品种名单

序号	食品品种	可能易滥用的添加剂品种
1	渍菜（泡菜等）、葡萄酒	着色剂（胭脂红、柠檬黄、诱惑红、日落黄）等
2	水果冻、蛋白冻类	着色剂、防腐剂、酸度调节剂（己二酸等）
3	腌菜	着色剂 、防腐剂、甜味剂（糖精钠、甜蜜素等）
4	面点、月饼	乳化剂（蔗糖脂肪酸酯等、乙酰化单甘油脂肪酸酯等）、防腐剂、着色剂、甜味剂
5	面条、饺子皮	面粉处理剂
6	糕点	膨松剂（硫酸铝钾、硫酸铝铵等）、水分保持剂磷酸盐类（磷酸钙、焦磷酸二氢二钠等）、增稠剂（黄原胶、黄蜀葵胶等）、甜味剂（糖精钠、甜蜜素等）
7	馒头	漂白剂（硫黄）
8	油条	膨松剂（硫酸铝钾、硫酸铝铵）
9	肉制品和卤制熟食、腌肉料和嫩肉粉类产品	护色剂（硝酸盐、亚硝酸盐）
10	小麦粉	二氧化钛、硫酸铝钾
11	小麦粉	滑石粉
12	臭豆腐	硫酸亚铁

续表

序号	食品品种	可能易滥用的添加剂品种
13	乳制品（除干酪外）	山梨酸
14	乳制品（除干酪外）	纳他霉素
15	蔬菜干制品	硫酸铜
16	“酒类”（配制酒除外）	甜蜜素
17	“酒类”	安赛蜜
18	面制品和膨化食品	硫酸铝钾、硫酸铝铵
19	鲜瘦肉	胭脂红
20	大黄鱼、小黄鱼	柠檬黄
21	陈粮、米粉等	焦亚硫酸钠
22	烤鱼片、冷冻虾、烤虾、鱼干、鱿鱼丝、蟹肉、鱼糜等	亚硫酸钠

长期以来，国家对于在食品中非法使用添加物的行为进行严厉打击。作为消费者，我们也有必要增强辨别有毒食品的能力，避免有毒食品对自身健康造成伤害。

如何识别对身体有害的食品

如何识别毒面条

什么是毒面条？

毒面条是指加入了硼砂的面条。硼砂的主要成分是四硼酸钠，还含有少量铅、铝等杂质。硼砂广泛应用于制作玻璃、陶瓷、肥料等，也可用作消毒剂、防腐剂、防冻剂、有色金属的焊接剂。

为什么毒面条中要添加硼砂？

硼砂可以提升卖相，让面条看起来色泽鲜亮，提高人们的购买欲。

硼砂延长了面条的保质期，为违法商家赢得了更长的售卖时间，减少了亏损。硼砂能让面条久煮不烂，提升面条的口感，使面条吃起来更“筋道”，有“嚼劲”，迎合了消费者对口感的需求。

毒面条的危害

硼砂危害性很高，人体摄入的硼砂会立刻与胃酸发生反应，生成硼酸。硼酸在体内蓄积（不易排出），很容易诱发食物中毒。轻则出现急性中毒症状，如呕吐、腹泻、皮疹、腹痛、视力障碍、体温与血压下降、惊厥等；重则导致血液循环障碍、休克、昏迷，甚至是死亡。成人的硼砂中毒剂量约为 1 ～ 3 克，致死剂量约为 15 克，婴儿的硼砂致死剂量约为 2 ～ 3 克。

如何识别毒面条？

1. 看一看。

正常面条的颜色是一种柔和的白色，而添加了硼砂的面条看起来特别白，色泽也异常鲜亮。如果你在大热天买湿面条，看到湿面条即使不用冷柜保存也不会发酸、发黏，或是买的干面条保质期特别长，开封很久后也不长霉点、不生虫，那多半就是不正常的面条了。

2. 摸一摸，闻一闻。

凡是加了硼砂的面条，用手摸起来都比较滑爽。如果硼砂撒得多，手上还会沾上一些硼砂微粒，并且可以闻到轻微的碱性味道。

3. 折一折。

正常的面条是一折就断的，如果面条柔韧度高，弯成一个大的拱形也不会断，则很有可能是加入了硼砂。

4. 尝一尝。

面条煮了很长时间依旧是清汤清水，吃起来却特别有嚼劲，那多半就是加了硼砂的毒面条。

如何识别毒面粉

什么是毒面粉？

毒面粉是指加入了吊白块的面粉。吊白块又称雕白粉，具有良好的水溶性，常用作解毒剂、糖类漂白剂、除垢剂、洗涤剂、拔染剂、还原染料等。

为什么毒面粉中要添加吊白块?

第一，吊白块成本低，具有漂白的作用，能够掩盖劣质食品原料已变质的外观，为黑心商家提供了以次充好、欺骗消费者的机会。例如，已经变质发霉的面粉很难再恢复原来的颜色，但使用了吊白块后，其颜色便与优质面粉无异。

第二，吊白块增强了面粉的色泽，使其卖相更好，迎合了消费者的心理，可以增加销量。

第三，添加吊白块后的面粉口感更好，而且不容易变质。

毒面粉的危害

吊白块在遇酸、碱或高温条件下特别容易分解，从而产生甲醛、二氧化硫等有毒物质。甲醛被国际癌症研究机构（IARC）确定为1类（确切的）人类致癌物。长期大量摄入含吊白块的食品，会引起过敏、肠道刺激、腹痛、呕吐等不良反应，并对肝脏、肾脏、中枢神经造成损害，严重的还会导致呼吸困难、中毒性肺水肿、癌变和畸形病变。

如何识别毒面粉？

1. 看色泽。

从色泽上看，没有添加吊白块的正常面粉呈白色或浅黄色，不发暗，无杂质，而添加过吊白块的面粉呈雪白色。

2. 闻气味。

从气味上来说，没有添加吊白块的面粉无异味，可能还有小麦的清香；添加了吊白块的面粉在常温下淡而无味，用热水浸泡后可能会出现少许异味。

3. 尝一口。

可取少量小麦粉咀嚼。正常的小麦粉味道可口，没有发酸、刺喉、发苦及其他异常味道，反之则是不正常的面粉。

如何识别毒米线

什么是毒米线？

毒米线是指含有大量明矾的米线。明矾又叫十二水硫酸铝钾，常态下是一种无色透明的晶体或结晶性粉末，可用来制作净水剂、灭火剂、膨化剂、虫药等。

为什么毒米线中要添加明矾？

正常的米线是用大米制作而成的，但米线的韧性比较差，在生产加工中容易断条。而明矾有较强的凝固作用，在米线的制作过程中加入明矾能增强米线的韧性，降低米线断条的概率。此外，明矾还有很好的杀虫作用，可以防止米线长时间放置而生虫。可怕的是，毒米线中所添加的有害物质并不止这一种，有些不法商家为了达到增白、保鲜、提升口感等目的，还会在米线中加入吊白块、硼酸与硼砂等非食用物质，这些都会对人的健康造成严重危害。

毒米线的危害

明矾中含有丰富的铝离子，长时间摄入过量的铝会影响人体对铁、钙的吸收，导致骨质疏松、贫血。此外，长期食用添加明矾的食物，可能会损害人的脑细胞，加快脑部的萎缩，甚至影响人的智力，使人提前出现老年痴呆等症状。

如何识别毒米线？

1. 看颜色。

正常米线的颜色和大米的颜色是相近的，如果米线看起来特别白、特别透亮，那就有可能是毒米线。

2. 闻气味。

正常的米线闻起来应该有大米的香味，而加了明矾的米线闻起来则有一股异味。

3. 摸一摸。

正常的米线摸起来有一些小“毛刺”，不会很光滑。如果米线摸起来非常平整、光滑，那么很可能含有添加物。

4. 煮一煮。

正常的米线很容易煮熟，煮后的汤水看起来也比较混浊。如果米线怎么煮都不断，韧性特别好，或是煮完后的汤水还像清水似的，那么十有八九就是毒米线。

5. 尝一尝。

如果煮熟的米线吃起来特别有嚼劲，就像橡皮筋一样，那么很有可能是毒米线。

如何识别毒油条

什么是毒油条？

毒油条是指在制作过程中加入了明矾的油条。

为什么毒油条中要添加明矾？

和面时在面团中加入明矾，炸出来的油条会更加饱满，色泽金黄且口感酥脆。

毒油条的危害

（请参看前述明矾的危害）

如何识别毒油条？

1. 看外观。

毒油条看起来黄澄澄的，油亮光滑，显得异常膨大。毒油条掰开后，其断面的孔洞较大，而正常油条的气孔则是细密均匀的。

2. 闻一闻。

毒油条掰开后闻起来有一股刺鼻的味道。

3. 尝一尝。

加了明矾的油条吃起来有一股涩味，没有油炸过的香味。

如何识别毒辣椒

什么是毒辣椒？

毒辣椒是指用苏丹红、玫瑰红 B 等化学物质染过色的辣椒。苏丹红是一种化学染料，呈暗红色或深黄色粉末状，难溶于水，易溶于油脂，常用于工业溶剂、地板蜡、鞋油等产品的染色和增光。玫瑰红 B，又称罗丹明 B，易溶于水、乙醇，常用于调味品的染色，以及制造有色玻璃、特色烟花爆竹等。

为什么要用这些东西给辣椒染色？

第一，提升产品的卖相。用化学物质染色后，辣椒的颜色非常鲜艳且不容易掉色，在一定程度上可以弥补辣椒久置后变色的不足。辣椒保持鲜红的颜色、亮丽的色泽，有利于增加产品的销量，卖出更高的价格。

第二，以次充好。一些本该倒掉的发霉、变黑、变质的辣椒粉，染色后可以正常销售。商家由此减少了损耗，增加了不当得利。

第三，鱼目混珠。为了降低辣椒粉的原材料成本，一些不法分子将玉米皮粉、豆粉等植物粉末混在辣椒粉中，再用化学物质着色，投入市场销售。

毒辣椒的危害

苏丹红进入人体后在还原酶的作用下可以生成苯胺、萘酚等物质。苯胺能直接作用于肝细胞，诱发肝脏细胞基因突变，长期摄入苯胺还可能产生硝基苯衍生物，使人患上高铁血红蛋白症，呼吸不畅，并造成人体神经系统受损。偶尔食用少量含苏丹红的辣椒食品，致癌的风险不大，但长期摄入较高剂量的苏丹红就会大大增加致癌的概率。苏丹红还具有致敏性，有消费者反映，使用含有苏丹红的化妆品后引起了接触性皮炎。而玫瑰红B（罗丹明B）也具有潜在的致癌、致突变性，已被国际癌症研究机构（IARC）列为3类致癌物，长期食用会引起肺水肿、皮肤与内脏红染等症状。

如何识别毒辣椒？

1. 放一放后看颜色。

正常辣椒的颜色很自然，虽含有植物色素，但随着存放时间的推移，其颜色会慢慢变淡。而添加了苏丹红的辣椒，颜色鲜红，并不会因为存放时间久或者在太阳下曝晒而褪色。

2. 放进油中搅一搅。

苏丹红不易溶于水，但易溶于油脂。我们可以利用这一特性，将辣椒放入食用油中搅拌，过几个小时后再观察。若食用油没有变色，则是正常的辣椒；要是食用油发生变化，变成了红色，则说明该辣椒被添加剂染过。

3. 用湿巾捏一捏。

玫瑰红 B 有易溶于水的特性，我们可以在湿巾上撒上一些辣椒粉，如果湿巾上明显有染色的痕迹，那么该辣椒粉肯定是不正常的。

如何识别毒腐竹

什么是毒腐竹？

毒腐竹是指添加了吊白块、硼砂、乌洛托品等化学物质的腐竹。前文已经介绍过吊白块和硼砂了，这里重点讲一下乌洛托品。乌洛托品，别称是六亚甲基四胺，广泛用于树脂、塑料、橡胶等工业制品，也可当药品使用。

为什么毒腐竹中要添加这些东西？

第一，让腐竹外表看起来更白，韧性更好，口感更为筋道，从而迷惑消费者。

第二，添加了乌洛托品的腐竹不容易变质，可以延长销售时间。

毒腐竹的危害

乌洛托品本身属于低毒类化学物质，在一些医药品中能看到它的身影。但药用只是偶尔的，对于喜爱腐竹这种豆制品并经常食用的人来说，违规添加了乌洛托品的腐竹会给他们的健康带来一定的隐患。乌洛托品进入人体后，在酸性条件下能分解出甲醛，而甲醛在体内可代谢成甲醇，因此也会表现出甲醇的毒性作用。食用少量毒腐竹，轻则引起肠胃不适，重则出现恶心、呕吐等中毒症状。

如何识别毒腐竹？

1. 看韧性和色泽。

优质腐竹的颜色应该和豆皮差不多，是浅浅的黄色。劣质腐竹的颜色偏白，或是添加了大量色素，颜色偏深。好的腐竹透过光线可以看到一丝一丝的纤维组织，并且质地较脆，很容易被折断。而毒腐竹表面光亮，有很强的韧性，不容易被折断，也不容易煮烂。

2. 闻气味。

好的腐竹闻起来有大豆的香味。如果腐竹闻起来没有什么味道，则可能是加入了大量的淀粉。要是闻起来没有豆味，反而有一股淡淡的酸味、霉味或化学品的味道，那肯定是劣质腐竹。

3. 看泡过的水。

好的腐竹很容易泡发变软，并且泡过腐竹的水比较清，黄而不浑。而泡过毒腐竹的水则是黄而混浊的。

如何识别毒茶叶

什么是毒茶叶？

毒茶叶是指用美术绿染过色的茶叶。美术绿也称铅铬绿、油漆绿，这种颜料色泽鲜艳，分散性好，易于加工，常用于生产涂料、油墨、塑料等工业产品。美术绿含有铅、铬等有毒重金属。

为什么要用美术绿给茶叶染色？

第一，冒充新茶，以次充好。每年春天，茶商手里或多或少会积压一些陈茶，个别不法茶商便会在陈茶中添加美术绿，随后冒充新茶售卖出去。

第二，改善茶叶色泽，提高茶叶卖相。美术绿价格低廉，且极少的剂量就可以使茶叶变色，染过色的茶叶颜色鲜亮翠绿，卖相极好。

毒茶叶的危害

人体无法降解美术绿中含有的重金属铅和铬。如果长期饮用含有美术绿的茶水，会造成体内铅、铬超标，引发贫血、头痛、眩晕、消化道溃疡、注意力不集中、神经衰弱等一系列问题，严重损害人体的中枢神经、肝、肾等。铬除了是致癌因子，还会导致人体出现贫血、皮肤过敏、消化道出血等症状，以及呼吸道相关疾病。

如何识别毒茶叶？

1. 观察茶色。

如果不法茶商添加的美术绿剂量较大，且翻炒不均匀，或许可以在茶叶上看到明显的绿点。正常的茶叶应该是黄色或者黄绿色的，如果茶叶看起来特别绿，就要特别注意了。此外，一些茶叶（比如碧螺春）本身有白毛，如果这些白毛呈现出绿色，也要小心。

2. 捏搓茶叶。

手指沾水后捏起茶叶，或者将少许茶叶沾水后放在手心，用力搓一搓，添加了美术绿的毒茶叶会在手上留下绿色。

3. 冲泡后再观察。

冲泡茶叶后静置半个小时，如果茶水颜色出现了分层现象，底部颜色偏深，顶部颜色偏淡，则可能是添加了化学染料。如果没有出现分层，就用白色餐巾纸浸入茶水片刻，再取出餐巾纸观察。若纸上颜色明显，且不容易被冲掉，则有可能是添加了化学染料。

如何识别毒豆腐

什么是毒豆腐？

毒豆腐是指在生产过程中添加了吊白块、硼酸、甲醛、工业氯化镁等化学物质的豆腐。这里主要讲讲工业氯化镁。氯化镁，别名卤片、盐卤，有食用和工业用之分。工业氯化镁杂质较多，毒性较强。食用氯化镁则是在工业氯化镁的基础上精制而成，制作标准比工业氯化镁更加严格，可以作为食品添加剂在豆制品中使用。

为什么毒豆腐中要添加这些东西？

第一，降低成本。工业氯化镁的价格远低于食用氯化镁，这样就降低了豆腐的生产成本。

第二，可以掩盖生产原料的瑕疵。不法商家将发霉、变质的黄豆原料用化学品处理以后，可以改善豆腐外观，让毒豆腐看起来白白嫩嫩，和正常的差不多。

第三，延长豆腐的存放时间。甲醛、吊白块等可以起到防腐的作用。

毒豆腐的危害

如果在制作豆腐的过程中，合法合规地使用食用氯化镁，那么就不会对健康造成危害。但工业氯化镁含有的杂质比食用氯化镁更多，比如硫酸盐及各种重金属等。经常食用经工业氯化镁加工的豆腐，可能会引起慢性中毒，诱发尿毒症、胆结石、肾结石等疾病。

如何识别毒豆腐？

1. 看一看。

因为豆腐是黄豆做的，所以正常的豆腐应该是乳白色或者微微泛黄的，略有光泽。如果豆腐看起来格外白，那就要格外小心。

2. 闻一闻。

正常的豆腐有一股豆香味，而添加了化学物质的豆腐，难免会残留一些奇怪的气味。

3. 摸一摸。

好的豆腐摸起来有弹性，软硬适度，而那些摸上去特别光滑或者表面发黏的豆腐，最好不要食用。

如何识别毒鱿鱼

什么是毒鱿鱼？

毒鱿鱼是指用甲醛、工业火碱泡发过的鱿鱼。工业火碱，俗称烧碱、火碱，含有大量铅、砷、汞等有毒物质，不能用于食品行业。甲醛有毒、有刺激性、易燃，主要用作化工原料、防腐剂。

为什么要使用这些东西处理鱿鱼？

在我国内陆地区，从海边运输新鲜鱿鱼不仅成本昂贵，而且对冷冻条件的要求很高，因此大部分商家售卖的都是干鱿鱼。干鱿鱼需要用水泡发，但用普通的水浸泡干鱿鱼，卖相并不好，而碱性溶液却能使干鱿鱼大幅膨胀，摸起来很厚实，外观看起来也更加鲜嫩、透亮。甲醛有防腐的作用，可以防止鱿鱼腐烂、变质。工业火碱的价格比食用火碱（氢氧化钠）低廉，因此不法商贩就用工业火碱和甲醛来给鱿鱼“美容”，让干鱿鱼泡发后变得如同新鲜鱿鱼一般，同时增加了体积和重量，以此赚取更多的利润。

毒鱿鱼的危害

工业火碱含有毒物质，长期食用经工业火碱加工的鱿鱼，对人的咽喉和消化系统都有不小的伤害。甲醛是一种毒性很强的化学物质，长期食用甲醛泡发过的鱿鱼，会损伤人体的肝、肾功能，同时会大大增加致畸、致癌的风险。

如何识别毒鱿鱼？

1. 看外观。

正常的鱿鱼是自然地发白、发红，用甲醛或火碱泡发的鱿鱼多呈亮白色，体积肥大，经高温加热后会迅速萎缩。

2. 闻气味。

如果鱿鱼的气味不是自然的腥味，而是浓浓的碱味或者刺激性气味，则表明该鱿鱼是使用化学品浸泡过的。

3. 摸手感。

如果鱿鱼的外表过于光滑，摸上去没有黏糊糊的感觉，有可能就是用化学药水泡发的。另外，正常的鱿鱼比较柔软，有弹性，而用化学药水泡发的鱿鱼肉质较硬。

如何识别毒三文鱼

什么是毒三文鱼？

毒三文鱼是指用一氧化碳处理过的三文鱼。一氧化碳是合成气和各类煤气的主要成分，具有无色、无味的特点。

为什么要用一氧化碳处理三文鱼?

新鲜三文鱼需要超低温保存才能保持鲜美的肉味和红润的色泽,然而经销商不一定都有这样的保存条件。所以,一些不法商贩会用一氧化碳熏制三文鱼。当一氧化碳与三文鱼体内的肌红蛋白发生反应,三文鱼就会呈现出鲜艳的粉红色,让人误以为它很新鲜。但实际上,这样的三文鱼早已变质,并不新鲜。

毒三文鱼的危害

由于一氧化碳是一种有毒气体,经一氧化碳处理后的三文鱼,其体内势必会残留毒气,进而威胁人体健康。经常生食一氧化碳熏制的三文鱼可能会导致呕吐、腹泻、腹痛等胃肠道疾病,严重的还会引起食物中毒。更重要的是,用一氧化碳处理过的三文鱼掩盖了其变质的事实,老人、小孩、孕妇等抵抗力低的群体食用后可能会产生不容小觑的健康问题。

如何识别毒三文鱼？

1. 看色泽。

超低温储藏的三文鱼，肉色为红色或暗红色，浓淡不一，但看起来很自然。经一氧化碳处理过的三文鱼，肉色大多呈粉红色，浓淡均匀，看起来没有光泽，肉的纹理也变得没那么清晰了。用刀切开毒三文鱼，其切面不久就会变色。

2. 摸一摸。

用手摸一摸解冻后的三文鱼，超低温储藏的三文鱼有弹性，用一氧化碳处理过的三文鱼没有弹性。

3. 品味道。

超低温储藏的三文鱼保有三文鱼的美味和香味，用一氧化碳处理过的三文鱼入口淡而无味，甚至可能有腐味或者其他变质的味道，与三文鱼本身的味道不同。

如何识别毒蜜饯

什么是毒蜜饯？

毒蜜饯是指在制作过程中使用了工业硫黄的蜜饯。工业硫黄是一种基本工业原料，有毒，不溶于水，属于二级易燃物。

为什么要用工业硫黄处理蜜饯？

硫黄有杀菌的作用，能与氧结合产生二氧化硫，而二氧化硫具有漂白作用。工业硫黄价格低廉，不法分子用硫黄对蜜饯进行漂白消毒，这样蜜饯就不容易烂掉，外观也更加漂亮。

毒蜜饯的危害

工业硫黄中含有铅、砷、铊等重金属，会危害人的内脏，引起恶心、呕吐、腹痛、腹泻等胃肠道方面的症状，以及心动过速、心律失常、胸闷气短等心血管方面的症状。另外，二氧化硫具有潜在的致癌性，长期摄入会影响人体健康。

如何识别毒蜜饯？

1. 看外观。

天然果脯的形状应该是饱满、完整的，其颜色与真实的果实接近。那种颜色鲜亮或者发白，形态残缺不全的蜜饯，多半就是后期切碎并用化学物质加工过的。除了颜色和形态外，还可以看蜜饯表面裹着的糖霜是否均匀，表面干湿程度是否大致相同，等等。

2. 尝味道。

正常的蜜饯口感细腻，除了甜味，还能品尝出水果自身的果香。劣质蜜饯可能有怪味，或过于香甜，甚至能吃出沙砾来。

3. 闻气味。

如果蜜饯中的二氧化硫严重超标，拿起蜜饯来仔细闻闻，可能会闻到硫的刺激性气味。

如何识别有害大米

什么是有害大米?

有害大米是指将陈米抛光后，用石蜡油处理过的大米。石蜡油的主要成分是烷烃，纯品为无色半透明油状液体。

为什么要用石蜡油处理大米?

存放过久、发霉的陈米在品相和味道上都会大打折扣，因此部分商家便对这些劣质陈米进行二次加工，对不新鲜、没有光泽的大米进行抛光处理，再用石蜡油浸泡，使其在外表上看起来与新鲜大米无异。这样一来，商家就能将劣质陈米当作新鲜大米进行销售。

有害大米的危害

石蜡油属于工业制品，虽然无毒，但是进入人体之后，仍然会对人体造成一定的影响。更重要的是，用石蜡油处理过的大米大多是陈米，容易滋生黄曲霉毒素。黄曲霉毒素是公认的高致癌物质，如果人们在不知情的情况下长期摄入，罹患癌症的概率便会大大增加。

如何识别有害大米？

1. 看外观。

由于经过了二次打磨加工，有害大米在体积上会比一般的大米小一些。正常的大米洁白、晶莹，而有问题的大米看起来则太过油亮，且颜色通常不均匀。

2. 闻味道。

由于存放时间较长，有害大米会散发出些许霉味。为此，有的不良商家会在米里添加香精来掩盖大米的霉味，但那种香味也不是大米的天然香气。

3. 搓一搓。

我们还可以抓一些大米在手上进行揉搓与观察，一般来说，掺入石蜡油的大米在揉搓时会有明显的油腻感。同时，由于潮湿发霉，陈米的质地往往较软，容易被揉碎。

如何识别有害小米

什么是有害小米？

有害小米是指添加了姜黄素的小米。姜黄素是一种天然化合物，根据《食品添加剂使用标准》中的规定，仅可用于冷冻饮品（食用冰除外）、可可制品、巧克力和巧克力制品以及糖果、调味糖浆、复合调味料、碳酸饮料、果冻、方便米面制品等食品中，并规定了最大使用量，在熟制坚果与籽类、粮食制品馅料等食品中则须按生产需要适量使用。在小米中加入姜黄素属于典型的超范围使用食品添加剂。

为什么要在小米中添加姜黄素？

只有新鲜的小米才会呈金黄色，如果储存时间过长，小米的颜色就会变得较为暗淡。有的商家为了使自己出售的小米看上去新鲜，便在小米中加入了姜黄素这种着色剂。这样一来，商家便能以等同于新鲜小米的、相对较高的价格将陈年小米卖出。

有害小米的危害

食用少量含有姜黄素的食品对人体没有危害。但小米是高频食用的食品，长期食用添加了姜黄素的小米可能会带来一些不良反应，比如恶心、腹泻、皮肤过敏等。对于易感个体来说，这些症状或许会更明显。此外，由于姜黄素具有抗凝血性，做手术的人也不宜食用。

如何识别有害小米？

1. 搓一搓。

我们可以用湿纸巾包裹住小米，进行一定程度的揉搓，随后观察湿纸巾的着色情况。如果纸巾上残留了轻微的黄色，则说明小米中可能添加了姜黄素。我们还可以直接用手揉搓小米，随后观察小米的变色情况。如果小米的颜色由金黄变得暗淡，那就有可能是添加了姜黄素。

2. 闻一闻。

正常小米煮熟后依旧金黄，充满谷物香气。而添加了姜黄素的小米在煮熟后颜色比较暗淡，没有太多米香。

如何识别毒卤菜

什么是毒卤菜？

毒卤菜是指在制作过程中超标使用了亚硝酸钠、双氧水、着色剂等化学物质的卤菜。亚硝酸钠是一种无机化合物，主要用于制造偶氮染料，也可用作食品的护色剂、防腐剂。按照我国最新规定，具备资质的食品加工厂可以按照限量标准在卤制食品中使用亚硝酸钠，但餐饮店严禁采购、贮存、使用亚硝酸钠。双氧水，又称过氧化氢溶液，是一种无色无味的液体，属于比较常见的消毒液，常用于医学消毒、食品加工等，但是不应在最终产品中发挥作用，比如改善食品色泽或延长食品保质期等。

为什么毒卤菜中要添加这些东西？

第一，亚硝酸钠能够与肉中含有的肌红蛋白发生反应，使肉的颜色更加鲜艳，让人更有购买欲望。同时，还能起到防腐、杀菌的作用，增加肉的保质时间。所以，一些不良商家会购入质量低劣的冻肉、陈肉，再用亚硝酸钠进行处理，迷惑消费者。

第二，双氧水具有漂白、防腐的作用。比如，原来不新鲜的鸡爪经过双氧水处理后，不仅颜色亮白，外观清爽，而且不容易腐烂，体积也比普通鸡爪更大。

第三，加入一些着色剂会让卤菜的颜色看起来更诱人。真正优质的卤菜是通过炒糖色来实现上色的。

毒卤菜的危害

亚硝酸钠本身具有较强的毒性，人体摄入 0.2 ～ 0.5 克就可能出现中毒症状，一次性摄入 3 克或可致死。如果食用了经亚硝酸钠处理过的卤菜，即使未达到中毒剂量，也有可能引起恶心、呕吐等症状。双氧水则有可能导致胃黏膜损伤，长期摄入还可能致癌。着色剂则会加重肝脏的解毒负担，损害肝脏功能。

如何识别毒卤菜？

1. 看一看。

毒卤菜的外观与正常卤菜存在着一定的差异。毒卤菜经过亚硝酸钠与双氧水的处理，再加上着色剂染色，其颜色更加均匀，呈现出鲜艳的红色。而使用炒糖色的方法正常上色的卤菜，其颜色不会那么均匀，但色泽柔和，呈现自然的深红色或暗黄色。

2. 闻一闻。

正常的卤菜散发着食材天然的香味，而劣质卤菜则有较为浓烈的香精味。

3. 尝一尝。

毒卤菜肉质僵硬，有异味，与正常卤菜柔滑、有韧性的口感差别较大。

如何识别地沟油

什么是地沟油？

地沟油是指各类劣质油，如回收的食用油、反复使用的煎炸油等。地沟油最大的来源是城市里酒楼、饭馆的潲水油。地沟油是一种有毒有害、极不健康的非食用油。

为什么有人使用地沟油？

地沟油的成本远低于正常食用油，不良商家为了获得更高的利润便会使用地沟油。

地沟油的危害

第一，地沟油经过反复加工，生成了很多反式脂肪酸，经常食用会导致血液黏稠度增加，诱发各种心血管疾病。

第二，地沟油含有黄曲霉毒素、苯并芘等强致癌物质。

第三，地沟油在制作过程中会经历酸败等化学反应，生成许多对人体有害的物质，可能引起头晕、头痛、腹痛、消化不良、贫血等症状。

如何识别地沟油？

1. 看一看。

正规食用油都是清透、无杂质的，而地沟油往往颜色暗淡混浊，含有许多微小的杂质。

2. 闻一闻。

正规食用油会散发淡淡的天然油香味，而地沟油则有一股霉臭味。

3. 尝一尝。

地沟油带有酸味，甚至是轻微的苦臭味，并有一种黏糊糊的口感。

4. 烧一烧。

消费者如果怀疑自己吃到了地沟油，可以用纸巾蘸取一些油点燃，燃烧过程中若是出现噼里啪啦的响声，就说明油中含有的杂质较多；若是没有响声，那么大概率是正规食用油。

如何识别毒皮冻

什么是毒皮冻？

毒皮冻是指用工业明胶制作的皮冻。正常情况下，手工制作的皮冻是用猪皮熬制的，而一些食品加工厂也会在国家规定的使用范围内添加少量的食用明胶。但是毒皮冻添加的则是不可食用的工业明胶。

为什么毒皮冻中要添加工业明胶？

首先，相比食用明胶，工业明胶的价格要便宜很多。

工业明胶是用废旧皮革熬制的，生产成本很低。其次，用工业明胶制作出来的毒皮冻，颜色相对来说更好看。最后，作为一种富含蛋白质和脂肪的凝固型食物，皮冻在温度较高时容易化开，如果当天没有销售完，又储存不当的话，就很难再次销售。加入了工业明胶的毒皮冻，由于稳定性较高，更方便运输与售卖。

毒皮冻的危害

工业明胶的原材料是废旧皮革，含有重金属铬。铬除了会对人体的呼吸道、消化系统、皮肤造成伤害，还可能破坏人体的骨骼与造血干细胞。长期摄入工业明胶可能会导致骨质疏松，摄入量严重超标时，还可能诱发癌症。

如何识别毒皮冻？

1. 晒一晒。

皮冻主要是由蛋白质与油脂组成，只能在较低的温度下保持凝固状态，所以我们可以将皮冻放置在太阳下进行晾晒。真皮冻往往会熔化，只剩下一点猪皮渣，而毒皮冻则不会熔化。

2. 插一插。

我们可以将筷子插入皮冻，感受筷子插入时的阻力。假皮冻比真皮冻要硬一些，用筷子插入时也更费力。

3. 扔一扔。

我们可以切一块皮冻扔到地上，察看皮冻的回弹情况。真皮冻并没有那么好的回弹力，摔在地上会散开。毒皮冻的回弹力则相对较好，不会摔散。

如何识别毒腊肉

什么是毒腊肉？

毒腊肉是使用工业盐、着色剂等化学物质对病死猪肉进行加工而制成的腊肉。工业盐，是化学工业的基本原料之一，主要成分包括氯化钠、亚硝酸钠等。

为什么制作腊肉时要用这些东西？

腌制腊肉需要使用大量的盐，而工业盐的成本远低于食盐，不法商贩为了节省成本便会使用工业盐。此外，病死猪肉本身颜色暗淡，需要使用日落黄、胭脂红等着色剂给猪肉上色，从而欺骗消费者。

毒腊肉的危害

工业盐中一般含有铅、砷、汞、镉等杂质，长期食用经工业盐腌制的食品可能会引起头晕、心肌损伤、腹痛、呕吐等症状，甚至可能致癌、致畸。此外，工业盐中亚硝酸盐的含量也较高，人体过量摄入会导致中毒，出现全身无力、头痛、头晕、恶心等症状。日落黄、胭脂红等着色剂按照规定是不能用于腌制腊肉的，使用过量或者超范围使用都会产生危害。一些人食用后可能会出现腹泻、过敏等不耐受反应，严重者会造成肝功能、肾功能损伤。

如何识别毒腊肉？

1. 看外观。

正常腊肉色泽鲜明，瘦肉部分为鲜红色，肥肉部分为透明的淡黄色，表面干爽，无霉点。毒腊肉色泽暗淡，瘦肉部分为暗红色，肥肉部分为暗黄色，表面湿黏，有霉斑。

2. 用手指按压。

正常腊肉的肉质比较紧实，略有弹性，用手指按压后不会留下印记。毒腊肉的肉质比较松软，用手指按压后会有明显的凹痕。

3. 闻气味。

正常腊肉散发着咸香味，毒腊肉却有一定的酸臭味或其他异味。

如何识别毒猪肉

什么是毒猪肉？

毒猪肉指的是含有“瘦肉精”的猪肉。“瘦肉精”是能够促进瘦肉生长的饲料添加剂的统称。市场上常见的“瘦肉精”主要包括盐酸克仑特罗、莱克多巴胺和沙丁胺醇，其中最常用的是盐酸克仑特罗。

为什么养猪时要使用“瘦肉精”？

“瘦肉精”能够促进动物体内蛋白质的合成，并抑制脂肪的堆积。食用了“瘦肉精”的猪，毛色红润光亮，腹部紧致不显肥腻，卖相更好。屠宰之后，肉色也更加鲜红，皮下脂肪层极薄，瘦肉含量更高。这样的猪肉能卖出更高的价格。

毒猪肉的危害

毒猪肉的危害主要在于猪肉里残留的“瘦肉精”。以盐酸克仑特罗为例，它是一种肾上腺素受体激动剂，属 β-兴奋剂类激素，耐热，不易代谢消耗，所以会在猪的体内，尤其是内脏中残留。食用含有“瘦肉精”的猪肉，可能会引发肌肉不适、心慌、头痛、恶心等症状。对于一些患有高血压、心脏病、甲状腺功能亢进等疾病的患者来说，摄入盐酸克仑特罗甚至有致命的危险。需要特别注意的是，虽然我国明令禁止在养殖过程中使用“瘦肉精”，但是“瘦肉精”在一些肉类出口大国里属于合法的兽药。所以，我们在购买冻猪肉的时候，一定要注意这些猪肉是不是进口的，如果是进口的，要注意是否有合法的进口手续，是否经过检验机构的检测，不要随意购买来路不明的冻猪肉。

如何识别毒猪肉？

通过观察猪肉的外观，我们基本上就可以识别含有“瘦肉精”的猪肉。正常的猪肉一般是淡粉色，而含有“瘦肉精”的猪肉则是鲜红色，颜色明显不自然。另一个明显的区别是，正常猪肉的肥肉部分比较厚，而含有“瘦肉精”的猪肉，其肥肉部分很薄。此外，如果肥肉与瘦肉明显分离，并且瘦肉与肥肉之间有黄色液体渗出，则说明可能含有“瘦肉精”。

如何识别毒羊肉

什么是毒羊肉？

毒羊肉指的是含有“瘦肉精”的羊肉。(参见前述“毒猪肉”)

为什么养羊时要使用“瘦肉精”？

(参见前述养猪使用“瘦肉精”的原因)

毒羊肉的危害

(参见前述“瘦肉精”的危害)

如何识别毒羊肉？

1. 看颜色。

毒羊肉的颜色比正常羊肉要暗，呈深红色。

2. 看皮下脂肪。

含有“瘦肉精”的羊肉，其皮下脂肪层比较薄，一般在 2 厘米左右，而正常羊肉的皮下脂肪层厚度在 4 ～ 5 厘米。同时，正常羊肉的脂肪呈白色，而含有“瘦肉精”的羊肉的脂肪呈暗黄色。

3. 闻气味。

正常羊肉闻起来有一股浓重的膻味，而毒羊肉的膻味则比较淡。

如何识别毒牛肉

什么是毒牛肉？

毒牛肉是指含有玉米赤霉醇的牛肉。玉米赤霉醇是一种微生物代谢产物，能够帮助牛快速成长。

为什么养牛时要使用玉米赤霉醇？

玉米赤霉醇能有效提升肉牛体内的生长激素和胰岛素

水平，促进蛋白质合成，从而达到很好的增重效果，给养殖户带来较高的经济回报。

毒牛肉的危害

玉米赤霉醇在高温条件下也不会发生降解，食用后很可能引发人体机能紊乱，甚至有致癌的危险。

如何识别毒牛肉？

含有玉米赤霉醇的毒牛肉仅凭感官很难识别，所以消费者还是尽量到正规菜市、商超购买经过检测的牛肉。

如何识别毒鱼

什么是毒鱼？

毒鱼是指在养殖或运输的过程中被孔雀石绿污染过的鱼。孔雀石绿是三苯甲烷类化学物，有一定的毒性，它既是染料，也是灭杀真菌、细菌、寄生虫的药物。我国禁止在养殖和运输鱼的过程中添加孔雀石绿。

为什么在养鱼或运鱼的过程中要使用孔雀石绿？

首先，孔雀石绿在治疗鱼的水霉病、鳃霉病、白点病上有着很好的效果，并且比正规鱼药的价格要低很多。不法分子为了节省成本会使用孔雀石绿。其次，鱼在运输过程中容易损耗，添加一定剂量的孔雀石绿能够有效延长鱼的存活时间。

毒鱼的危害

鱼类很难通过自身的正常代谢将孔雀石绿排出，那么孔雀石绿最终就会进入食用者的体内。孔雀石绿会抑制人体内谷胱甘肽 S- 转移酶的活性，影响其解毒功能，严重时会使细胞凋亡出现异常，可能诱发肿瘤。

如何识别毒鱼？

1. 观察鱼鳞的光泽。

大多数鱼死后，鱼鳞会逐渐失去光泽；而被孔雀石绿浸泡过的鱼，死后鱼鳞也会一直保持鲜亮的光泽，看上去闪闪发光。

2. 观察鱼的整体颜色。

被孔雀石绿浸泡过的鱼会呈现淡蓝色或淡绿色。

3. 察看鱼鳃。

正常的鱼，鱼鳃都是红色的；而被孔雀石绿浸泡过的鱼，鱼鳃会发白，或是由于淤血而呈现出紫红色。

4. 掰一掰鱼鳍。

正常的鱼，鱼鳍被掰动后会迅速回缩；而被孔雀石绿浸泡过的鱼，鱼鳍会比较硬，回缩较慢。

如何识别毒黄鱼

什么是毒黄鱼?

毒黄鱼是指用工业染料碱性橙Ⅱ染过色的黄花鱼。碱性橙Ⅱ是一种偶氮类碱性工业染料，主要用于纺织品、皮革制品及木制品的染色，具有一定的毒性。

为什么黄花鱼要用碱性橙Ⅱ处理?

有些不法商贩为了让黄花鱼的卖相看上去更好，会用碱性橙Ⅱ给鱼“美容”。染过色的黄花鱼，鱼体黄亮，看起来很新鲜，可以卖得更好。

毒黄鱼的危害

长期食用这种毒黄鱼，轻则引起过敏、腹泻等症状，重则对人的肾脏和肝脏造成严重损害，甚至有致癌的风险。

如何识别毒黄鱼？

1. 看鱼鳞。

正常的黄花鱼，鱼鳞的颜色看起来很自然，从鱼头到鱼尾逐渐变淡，具有层次感，鱼腹呈金黄色，鱼身两侧和背部则呈黄褐色。而染过色的黄花鱼，鱼鳞的颜色普遍较深，分布也比较均匀，没有天然的层次感。

2. 看鱼嘴。

正常的黄花鱼，鱼嘴和鱼腮周围几乎是白色的。扒开鱼嘴看一下，如果鱼嘴里残留着黄水，那么就可能是染过色的黄花鱼。

3. 用水泡。

如果黄花鱼泡水后有明显的褪色现象，一般就是染色黄花鱼。

4. 用纸擦。

用白色纸巾擦拭鱼身，如果纸巾变黄，那么很有可能是染色黄花鱼。

如何识别毒瓜子

什么是毒瓜子？

毒瓜子是指用明矾、滑石粉、工业盐、工业石蜡、焦亚硫酸钠等加工而成的瓜子。（明矾和工业盐参见前述）滑石粉是食品添加剂之一，其主要成分为含水硅酸镁，但由于含有铅、砷、汞等重金属成分，国家严格限定了它的使用范围及用量。工业石蜡一般从石油当中直接提取，含有多环芳烃和稠环芳烃，这两种物质都是强致癌物。焦亚硫酸钠，又称偏二亚硫酸钠、重硫氧，也是一种食品添加剂，按我国规定可在部分种类的食品中使用，但不包括瓜子等炒货。

为什么加工瓜子时要使用这些东西？

明矾可以延长食品的保存时间，使瓜子不易受潮变软。工业盐可以大大降低加工成本。

在品质不太好的瓜子中加入滑石粉和工业石蜡，可以提升瓜子的光泽度，使其看起来光滑明亮。焦亚硫酸钠可以起到防腐、抗氧化及保鲜作用，但在瓜子等炒货中使用焦亚硫酸钠违反了我国对焦亚硫酸钠使用范围的规定。

毒瓜子的危害

（明矾、工业盐的危害参见前述）

长期摄入滑石粉会引起口腔溃疡、牙龈出血等症状，危害人的消化系统，甚至有致癌的风险。工业石蜡在高温下会分解出低分子化合物，影响人的呼吸道和肠胃系统，引起肠胃功能紊乱、腹泻等症状。焦亚硫酸钠会引发过敏及胃肠道反应，影响呼吸及肝肾功能。

如何识别毒瓜子？

1. 看外表。

正常瓜子的表面有自然纹路，看上去色泽比较暗淡。如果瓜子表面十分光滑，看起来像打了一层蜡似的，那么很有可能是添加了工业石蜡。此外，如果瓜子的表面看上去有一层盐霜，那么很有可能是用工业盐加工过的。

2. 抓一抓。

添加了滑石粉的毒瓜子抓在手上有种异常的滑腻感，松开后手上可能会残留白色的粉末。

3. 尝一尝。

试吃几粒瓜子，如果吃起来异常地咸，那么很有可能是加了工业盐。

如何识别毒奶粉

什么是毒奶粉？

毒奶粉是指人为地添加了三聚氰胺的奶粉。三聚氰胺俗称密胺、蛋白精，是一种化工原料，不可用于食品加工。

为什么毒奶粉中要添加三聚氰胺？

蛋白质含量是决定奶粉是否合格的一个重要指标。在奶粉中加入三聚氰胺可以提高奶粉的含氮量，从而营造出蛋白质含量高的假象。不良商家为了降低成本，同时为了通过食品检验机构的检测，便在奶粉中添加三聚氰胺。

毒奶粉的危害

三聚氰胺会对人体的泌尿系统造成极大危害，长期摄入三聚氰胺还会诱发肾结石和膀胱癌。此外，添加了三聚氰胺的奶粉，其蛋白质含量是远远不达标的。长期食用这种奶粉不仅会影响孩子的身体发育，造成营养不良，严重的话还会导致孩子变成“大头娃娃”。

如何识别毒奶粉？

首先，准备两个空杯子和一块黑布。

一泡：奶粉冲泡后搅拌均匀，再放入冰箱冷藏 1 小时。

二滤：用黑布包紧杯口，将牛奶倒入另一个空杯，如果倒完后发现黑布上残留着白色固体，就用水将黑布上的白色固体冲洗几遍。

三看：如果冲洗后黑布上仍然残留着白色固体，就说明这种奶粉里可能添加了三聚氰胺。

此外，我们还可以通过以下几个办法来辨别奶粉的质量。

1. 看颜色。

正常奶粉的颜色均匀、有光泽，一般呈现浅黄色、乳黄色。如果奶粉的颜色暗黄，很不均匀，那么就要当心奶粉的质量了。

2. 闻气味。

品质欠佳的奶粉，闻起来没有正常奶粉的浓郁的奶香味，反而可能有一股酸臭味、霉臭味。

3. 看溶解速度。

如果奶粉冲泡后溶解得很快，但不均匀，且出现水和奶分层的现象，那么奶粉的质量就有问题了。

如何识别毒牛肉丸

什么是毒牛肉丸？

毒牛肉丸是指在制作过程中添加了硼砂的牛肉丸。

为什么毒牛肉丸中要添加硼砂？

硼砂可以使牛肉丸富有弹性，吃起来口感更好。在夏天气温较高时，牛肉丸会变得黏腻，而加入硼砂可以很好地改善这种情况。

毒牛肉丸的危害

（参见前述硼砂的危害）

如何识别毒牛肉丸？

1. 看颜色。

正常的牛肉丸应该是灰白色的，如果牛肉丸的颜色看起来比较鲜亮，并且表面沾有白色粉末，那么很有可能是添加了硼砂。

2. 闻气味。

加了硼砂的牛肉丸闻起来有一股轻微的碱味。

3. 尝口感。

如果牛肉丸吃起来很有韧性，很有嚼劲，那么很有可能是加了硼砂。

4. 用水煮。

如果牛肉丸在水煮后明显膨大了，那么有可能是毒牛肉丸。

如何识别毒豆芽

什么是毒豆芽？

毒豆芽是指在生产过程中非法添加了无根剂的豆芽。无根剂又称无根豆芽素，是一种能使豆芽细胞快速分裂的植物激素。

为什么生产豆芽时要使用无根剂？

如果采用正常程序来生产豆芽，豆芽的生长速度较慢，产量也有限。而使用无根剂就可以大大加快豆芽的生长速度，缩短生长周期，从而提高豆芽的产量。此外，无根剂还能让豆芽长得更粗、更长，根须变少，卖相更好，更利于售卖。

毒豆芽的危害

无根剂不仅会让植物畸形生长，进入人体后还会造成人体内激素紊乱。如果长期吃这种毒豆芽，食用者不仅会出现恶心、呕吐等症状，还可能患癌。

如何识别毒豆芽？

1. 看外观。

一看豆芽粒：毒豆芽的豆粒一般发蓝。

二看豆芽根：正常豆芽的根部发育良好，根须较多，而用无根剂泡发的豆芽根须较少，甚至没有根须。

三看豆芽秆：正常豆芽的芽秆挺直，粗细适中，而毒豆芽的芽秆比较粗壮。

2. 看颜色。

正常豆芽的颜色较白，根部颜色较淡，呈白色或淡褐色。如果豆芽的颜色呈灰白色，根部颜色较深，豆粒发蓝，那么很有可能就是毒豆芽。

3. 闻气味。

正常的豆芽闻起来有鲜嫩的豆香味，而毒豆芽闻起来则有一股异味。

4. 尝味道。

咀嚼一小段豆芽试试，如果是毒豆芽，那么吃起来会有苦味或酸味。

5. 看断面是否出水。

如果是毒豆芽，那么将其折断后，断面会有水分流出。

如何识别毒咸鱼

什么是毒咸鱼？

毒咸鱼是指在制作加工过程中用福尔马林浸泡过的咸鱼。福尔马林是一种有刺激性气味的无色有毒液体，其主要成分是甲醛。它能有效地杀死细菌，具有防腐、消毒和漂白的功能，因此常用作防腐剂和消毒剂。

为什么要用福尔马林浸泡咸鱼？

不法商贩通常会将一些死鱼腌制成咸鱼，为了防止这种咸鱼腐败变质，同时也为了让咸鱼看起来更有光泽，掩盖鱼的腥臭味，便用福尔马林加以浸泡。

毒咸鱼的危害

在日常生活中，如果皮肤直接接触了福尔马林，可能会引发过敏反应、皮肤炎症等；如果食用了福尔马林浸泡过的甲醛超标的咸鱼，人体则可能出现恶心、呕吐、呼吸不畅等症状。

如何识别毒咸鱼？

1. 看一看。

用福尔马林泡过的咸鱼，颜色看起来会更鲜亮，而正常咸鱼的颜色会偏暗一点。

2. 闻一闻。

因为福尔马林有强烈的刺激性气味，所以用它泡过的毒咸鱼闻起来也有一股刺鼻的味道，而正常的咸鱼闻起来只有一股自然的淡淡的鱼腥味。

3. 摸一摸。

正常的咸鱼摸起来比较硬，而毒咸鱼摸起来则比较软。

4. 尝一尝。

毒咸鱼吃起来微微发苦，不像正常的咸鱼吃起来有股鱼香味。

如何识别毒姜

什么是毒姜？

毒姜是指在种植过程中使用了神农丹的生姜。神农丹是一种剧毒农药，其主要成分是涕灭威。作为一种高毒农药，涕灭威早已被国家纳入禁止使用的农药名单，不得用于蔬菜瓜果的种植。还有一种毒姜，指的是在存储过程中使用硫黄熏制的生姜。（参见前述“毒蜜饯”）

为什么种植或销售生姜时要使用神农丹或硫黄？

在生姜的种植过程中，将掺入神农丹的化肥撒在土地里，可以有效防止虫害，提高生姜的产量。硫黄熏制过的生姜表皮光滑，呈浅黄色，又嫩又脆，卖相更好。

毒姜的危害

人体如果摄入神农丹，轻则出现头痛、乏力、多汗、瞳孔缩小、视物模糊等症状，重则影响肝肾功能。人体长期摄入这种物质，还会增加患癌的风险。此外，滥用神农丹也会对地下水造成污染。

如何识别毒姜？

1. 看外观。

正常生姜的颜色比较暗淡，表皮干燥且粗糙。如果生姜看起来特别鲜嫩，表皮比较光滑，那么很可能有品质问题。

2. 闻气味。

硫黄熏制过的生姜闻起来有一股刺鼻的味道，而正常的生姜闻起来则有一股辛辣味。

3. 用手搓。

正常生姜的表皮比较干燥，用手搓是不容易掉皮的，而毒姜表面光滑，用手搓容易掉皮。

4. 掰开看。

正常生姜掰开后，里面的丝状物是白亮的，而毒姜掰开后，里面的丝状物是暗黄的。

如何识别毒猪血

什么是毒猪血？

毒猪血是指在制作过程中加入了甲醛、明矾等添加物的猪血。

为什么毒猪血中要添加这些东西?

在猪血中加入甲醛，除了能保鲜，使其不易腐坏外，还能使猪血膨胀并增加它的韧性和重量，并且在运输过程中也不易碎散。加入明矾，则可以起到促进猪血凝固的作用，同时也能护色和防腐。

毒猪血的危害

(参见前述甲醛、明矾的危害)

如何识别毒猪血?

1. 看外观。

正常猪血的颜色呈深红色，没什么光泽。正常猪血切开后，切面粗糙，还有一些不规则的小气孔。毒猪血的颜色比正常猪血鲜艳许多,而且十分有光泽。毒猪血切开后，切面比较光滑完整，甚至看不到气孔。

2. 闻气味。

正常猪血闻起来有一股淡淡的血腥味。毒猪血闻起来大多没有味道，偶尔有一些刺鼻的味道。

3. 辨质感。

正常猪血摸起来手感偏硬，而且很容易捏碎。毒猪血摸起来更有弹性，不易捏碎。

4. 尝味道。

正常猪血吃起来有点粘牙，而毒猪血吃起来却有些干巴。

如何识别毒鸭血

什么是毒鸭血？

毒鸭血是在其他动物的血液中添加甲醛后制作而成的假鸭血。

为什么毒鸭血中要加入甲醛？

在其他动物的血中添加甲醛制成的“鸭血”，看起来更新鲜，更有光泽。甲醛还可以增加其韧性，使其口感更佳，并且能防腐、杀菌，延长“鸭血”的保质期。

毒鸭血的危害

甲醛是国际癌症研究机构（IARC）确认过的1类致癌物。人体若长期摄入甲醛，会对各个系统造成不同程度的危害，不仅会引起免疫功能下降、记忆力衰退，还会影响生殖及子代健康，诱发心脑血管疾病，甚至引发白血病。

如何识别毒鸭血？

1. 看外观。

正常鸭血的颜色是暗红色，而毒鸭血的颜色更接近咖啡色。此外，正常鸭血切开后气孔大小不一，而毒鸭血切开后气孔大小均匀，呈蜂窝状。

2. 辨质感。

正常鸭血是没有什么弹性的，用手轻轻按压，鸭血表面就会出现裂痕，而毒鸭血摸起来更有弹性，甚至按压也不会出现裂痕。

3. 品味道。

正常鸭血尝起来有豆腐一样的口感，非常嫩滑，并且有淡淡的香味。毒鸭血吃起来像果冻一样，比较有韧性，还可能带有酸臭味。

如何识别毒木耳

什么是毒木耳？

毒木耳是指用硫酸镁浸泡过的黑木耳。硫酸镁是一种化学物质，一般用于造纸、制肥、制革等，也可以作为医药或食品添加剂使用，但必须符合食品工业用加工助剂的使用原则及规定。

为什么木耳要用硫酸镁浸泡？

木耳具有较强的吸附性，在硫酸镁溶液中浸泡时能吸附溶液中的各种物质，从而实现增重的目的。

毒木耳的危害

人体摄入硫酸镁后容易引发肠胃不适、呕吐等症状。肾功能障碍者摄入硫酸镁，还可能出现镁中毒反应，从而加重对肾脏的损害。

如何识别毒木耳？

1. 看颜色。

正常的黑木耳并非纯黑色，通常是正面呈黑褐色，背面呈灰白色。而在硫酸镁溶液中浸泡过的毒木耳，一般整体上都呈现黑褐色。

2. 闻气味。

正常木耳味道自然，有淡淡的清香味，而毒木耳没有清香味。

3. 辨质感。

正常木耳质地较轻，摸起来又薄又轻，用水浸泡时吸水性强，泡发量大。毒木耳质地偏重，用水浸泡时吸水性弱，泡发量少。

4. 尝味道。

正常木耳吃起来清香可口，毒木耳吃起来略带苦味。

如何识别毒酸菜

什么是毒酸菜？

毒酸菜是指在制作过程中加入了工业盐、日落黄、工业冰醋酸等化学物质的酸菜。

为什么制作酸菜要用这些东西？

在酸菜制作过程中添加工业盐、日落黄、工业冰醋酸等，可以大大节省成本，有效缩短酸菜的加工时间，同时延长保质期。

毒酸菜的危害

前文已经概述过工业盐、日落黄的危害，这里说说工业冰醋酸。在《食品添加剂使用标准》规定的使用原则和使用范围内，食用冰醋酸是可以作为食品添加剂使用的，但不法分子往往会为了节省成本而使用工业冰醋酸。工业冰醋酸具有腐蚀性，且含有重金属和苯类物质，人体长期摄入会引发腹痛、胃溃疡等症状，还有致癌风险。

如何识别毒酸菜？

1. 看颜色。

正常酸菜的菜梗呈现半透明状，菜叶发黄，整体的颜色比较自然。毒酸菜有很强的光泽感，颜色不自然。

2. 闻气味。

正常酸菜闻起来有一股酸菜特有的腌制酸香味。毒酸菜闻起来有霉味或其他奇怪的气味。

3. 辨质感。

正常酸菜质地清爽，摸起来有一定的弹性，煮出来的汤呈浅黄色。毒酸菜摸起来又黏又软，煮出来的汤呈金黄色。

如何识别毒皮蛋

什么是毒皮蛋？

毒皮蛋是指在制作过程中加入了工业硫酸铜的皮蛋。硫酸铜分为食品级硫酸铜和工业硫酸铜。工业硫酸铜含有大量重金属，包括铜、砷、铅、镉、汞、钴等。

为什么制作皮蛋时要用工业硫酸铜？

按照我国的规定，制作皮蛋时可以使用食品加工助剂硫酸铜，但其价格远远高于工业硫酸铜。为了降低成本，提高利润，不法分子便违规采用工业硫酸铜替代食品级硫酸铜。

毒皮蛋的危害

用工业硫酸铜加工的毒皮蛋往往残留较多重金属，容易对人体产生伤害，可能引起恶心、贫血、腹绞痛等症状，人体长期摄入还可能导致慢性铅中毒等。

如何识别毒皮蛋？

1. 看外观。

正常皮蛋的外壳颜色呈灰白色，剥壳后蛋清透亮，呈灰褐色，并且有松枝般的花纹。毒皮蛋的外壳表面可能存在黑斑，甚至有小的裂纹，剥壳后蛋清混浊，呈浅绿色。

2. 闻气味。

正常皮蛋闻起来会有发酵后的类似腥味的气味。毒皮蛋有着刺鼻的臭味，有些闻起来甚至近似霉味。

3. 辨质感。

正常皮蛋在耳边摇动时无声音，去壳后摸起来十分有弹性，表面虽湿润但不易与手粘连，吃起来口感爽滑，有一定的腥味和碱味。毒皮蛋在耳边摇动时有较大的声响，去壳后蛋白松散，易粘在手上，口感粗硬，有辛辣味或臭味。

如何识别毒海带

什么是毒海带？

毒海带是指在加工过程中使用了连二亚硫酸钠和碱性品绿的海带。连二亚硫酸钠常用于漂白纺织品。碱性品绿是一种工业用染色剂，主要用于腈纶、蚕丝、皮革、纸张等材料的染色以及阳离子染料饱和系数的测定。

为什么加工海带要用这些东西？

碱性品绿可以让海带的颜色变得更加翠绿，而连二亚硫酸钠则可以起到固色的作用。

毒海带的危害

连二亚硫酸钠对人的皮肤、眼睛和呼吸道黏膜等具有刺激性，直接接触会引起眩晕、呕吐等症状。碱性品绿中含有三苯甲烷，毒性很强，有致癌、致畸、致突变等风险。

如何识别毒海带？

1. 看颜色。

正常海带的颜色一般是褐绿色或土黄色，褶皱处的颜色略深。毒海带的颜色通常比较鲜艳，整体都是翠绿色。

2. 闻气味。

正常海带闻起来有一股淡淡的海腥味。而毒海带由于经过化学物品浸泡，闻起来几乎没有海腥味，甚至偶尔会散发着臭味。

3. 辨质感。

正常海带的表面有一定的黏性，摸起来也极具韧性，吃起来有较为浓郁的海鲜味。毒海带的表面一般没有什么黏性，容易被抠破，韧性也较差。

值得注意的是，毒海带一般都是泡发好的海带，所以建议大家购买干海带，自己进行泡发。

如何识别毒肉松

什么是毒肉松？

毒肉松是指以病死猪肉为原料，加入双氧水、日落黄、香精等添加剂加工而成的肉松。

为什么制作肉松时要用双氧水、日落黄？

使用双氧水可以漂白猪肉，同时具有一定的防腐效果，可延长保质期。添加日落黄是为了着色，让肉松变黄。

毒肉松的危害

（参见前述双氧水和日落黄的危害）

如何识别毒肉松？

1. 看外观。

正常肉松的颜色为金黄色，内外颜色均匀，纤维长且有光泽。毒肉松的颜色内外不一，通常里面为白色，外面为黄色，纤维短且没有光泽。

2. 闻气味。

正常的肉松，肉香浓郁。毒肉松闻起来并没有肉香，反而有一股香精味。

3. 辨质感。

正常肉松摸起来干爽，有弹性；放入水中后，水不易变混浊；吃起来肉味明显，入口易化。毒肉松摸起来粉末较多，手上易有残留物；放入水中后，水容易变得混浊；入口无鲜味，口感粗粝，咀嚼后有渣滓。

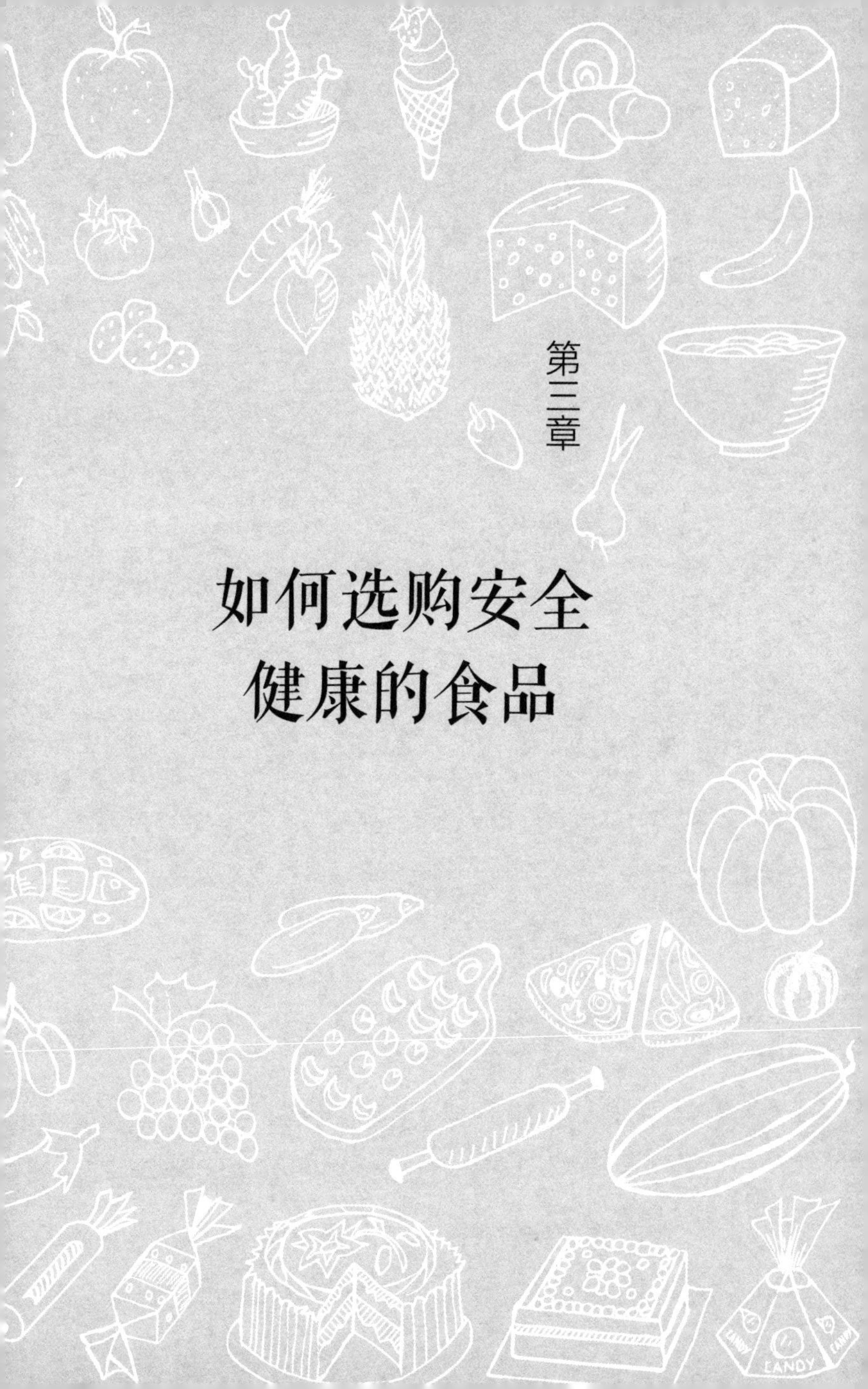

第三章

如何选购安全健康的食品

在选购食品时，我们除了要学会识别那些使用非食用物质制作出来的有毒、有害食品，也要学会从品质角度去甄别食品的优劣，尽量购买新鲜、优质、有营养的食品。下面就一些常见食品，我们给大家讲一讲选购食品的小窍门。

如何选购鸡蛋

挑选新鲜鸡蛋，我们可以这样做：

一、眼观：蛋壳的外表干净，表面有一层白霜，光泽明亮，表明鸡蛋很新鲜。反之，蛋壳表面的白霜脱落，呈乌灰色，色泽暗淡，则表明鸡蛋已经不新鲜，表面或已生出细小的霉菌。

二、手摸：把鸡蛋放在掌心上翻转。新鲜鸡蛋的蛋壳粗糙，劣质鸡蛋的蛋壳光滑。另外，新鲜鸡蛋掂起来会比劣质鸡蛋更重一些。

三、耳听：新鲜鸡蛋晃动时没有声音，劣质鸡蛋晃动时有明显的声响。

除此之外，我们还可以这样判断：

一、用强光照射鸡蛋，如果隐约看到鸡蛋内有散黄现象，则表明鸡蛋已经不新鲜。

二、将鸡蛋打开，放到平底托盘上静置一个小时，如果发现蛋黄与蛋清接触处散开，则表明鸡蛋也不够新鲜。

三、鸡蛋煮熟后，蛋清和蛋黄很难分离，则表明鸡蛋非常新鲜。

关于选购鸡蛋的常见误区：

一、红壳鸡蛋比白壳鸡蛋营养价值更高？

人们购买鸡蛋时，大多会优先挑选红壳鸡蛋，以为红壳鸡蛋比白壳鸡蛋更有营养。可事实上，研究表明，蛋壳的颜色跟鸡蛋的营养价值并没有太大关系。

蛋壳的颜色主要是由其基因决定的，即母鸡的品种不同，蛋壳的颜色也有差别。此外，母鸡的饲养方式、营养水平和年龄也会影响蛋壳的颜色。所以，挑选鸡蛋时不必过分关注蛋壳的颜色。

二、散养母鸡生的土鸡蛋，比圈养母鸡生的洋鸡蛋更有营养？

实验结果显示，土鸡蛋的营养成分与洋鸡蛋的营养成分并没有太大差别，只不过土鸡蛋的口感可能更符合大众的喜好。因此，消费者大可不必高价购买土鸡蛋，可以根据个人口味自主选择合适的鸡蛋品种。

三、母鸡的第一窝蛋（也称初生蛋），比普通蛋更有营养？

初生蛋一般是指母鸡生产的第一窝蛋，与普通鸡蛋（指市场上常见的未经过挑选的鸡蛋）相比，它的外形和味道或许略有不同，但在营养价值上并没有什么差别。所以，消费者也没必要花更多的钱去购买初生蛋。

四、蛋黄的颜色越黄，越有营养？

蛋黄的秘密在于色素沉积，而色素含量与母鸡所食饲料息息相关。如果母鸡产下的鸡蛋蛋黄偏黄，则表明母鸡体内含有的类胡萝卜素（主要是叶黄素）较多。

一些养殖户为了获取深色蛋黄的鸡蛋，会人为地给母鸡喂食类胡萝卜素含量高的饲料，甚至会在饲料中加入合成色素，以迎合市场需求，方便销售。目前，我国农业农村部对《饲料添加剂品种目录（2013）》进行了多次修补，允许使用的着色剂多达三十种。然而，这些着色剂除了能提升鸡蛋的卖相外，对于提高营养价值并无半点帮助。

因此，依据蛋黄颜色来判断鸡蛋的营养价值是不科学的。况且，除了鸡蛋，其他食物中也含有丰富的叶黄素，所以没必要为此多花钱。

五、“功能鸡蛋”比普通鸡蛋营养更丰富?

“功能鸡蛋”一般是指富含锌、碘、钙、硒等营养元素的鸡蛋。“功能鸡蛋”虽然听起来营养比较丰富，但很有可能是给蛋鸡喂食特殊饲料后形成的。在实际生活中，消费者无法对“功能鸡蛋”进行专业检测，即使遇到假冒的也无从辨别，所以也没必要刻意追求这种“功能鸡蛋”。

如何选购咸鸭蛋

在挑选咸鸭蛋时，我们应注意以下几点：

一、咸鸭蛋的蛋壳颜色不能太深，因为颜色越深，表明腌制的时间越长，这样反而不健康。

二、对着强光仔细观察咸鸭蛋。如果透过强光看出蛋黄的颜色泛红，那就是品质较好的红心鸭蛋；如果看不出，则表明鸭蛋没有腌制好。

三、要选择外壳圆润光滑、没有任何裂缝的咸鸭蛋。如果蛋壳表面有白色或黑色斑点，且颜色暗淡，则表明该咸鸭蛋的品质较差，保质期也相对较短。

四、轻轻摇晃咸鸭蛋，如果感觉鸭蛋里面也在微微颤动，则说明鸭蛋品质不错。但如果听到类似流水的响动声，那么该咸鸭蛋很可能已经变质，不要购买这种咸鸭蛋。

五、外形、重量对比。要优先选择体积较大的咸鸭蛋，因为偏大的咸鸭蛋，出油率也会高一些。同样大小的咸鸭蛋，则要优先选择手感较重的咸鸭蛋。

六、煮熟后对比。品质较好的咸鸭蛋煮熟后，蛋白与蛋黄层次分明，蛋白颜色洁白，蛋质紧实，咸香适口；蛋黄起沙流油，色泽鲜亮，层层加深，中心呈橙黄色。品质差或已经变质的咸鸭蛋煮熟后，蛋白松散、混浊，味道偏咸，还有少许臭味。

除此之外，我们应该尽量选择正规的渠道来购买咸鸭蛋，认准包装上的食品生产许可证编号①，关注产品的生产日期。切勿选择三无产品，以免贪小便宜吃大亏。

① 由SC（“生产”的汉语拼音字母缩写）和14位阿拉伯数字组成，又称SC编码。下同。

如何选购猪肉

一、看印章的形状与颜色

印章的形状：长条形的滚筒印章表明猪肉已通过官方机构的检疫，可以放心食用；三角形的高温印章表明猪肉不能直接销售、食用，必须经过高温处理方能出售；圆形验讫印章则表明肉品品质经官方兽医检验是合格的。

印章的颜色：蓝色的印章表明猪肉已通过动物卫生监督机构的检疫，标注合格；紫色或绿色的印章表明猪肉已通过定点屠宰企业的检验，标注合格。

二、看猪肉的颜色与光泽

品质好又新鲜的猪肉，瘦肉一般呈浅红色或淡粉色，肥肉呈白色，且有光泽。品质较差的猪肉，瘦肉一般呈深红色，有的甚至呈灰褐色，用手一捏就会渗出暗红色的血液；肥肉缺乏光泽，甚至有很多皱巴巴的纹路。

三、看猪肉肥膘的厚薄程度与紧实度

一般情况下，品质好的猪肉，其肥肉部分是比较厚实的。劣质猪肉或含有“瘦肉精”的猪肉，其肥肉部分都比较薄，有的肥肉厚度甚至不足一厘米。所以我们在选购猪肉时，最好不要买肥肉部分比较薄的猪肉。

四、辨别猪肉弹性与触感

品质好的猪肉，其弹性都比较好，用手按压后，凹陷处会迅速恢复原状，回弹性很好；猪肉的表面比较干燥，油脂不粘手。劣质猪肉几乎没有弹性，表面比较潮湿，还有些黏液。

五、看猪毛颜色

正常猪肉的猪毛颜色是洁白鲜亮的，而猪肉品质很差或是病猪的话，其表面的猪毛颜色会发红，这种猪肉最好不要买。

六、闻猪肉气味

一般来说，新鲜的猪肉闻起来没有异味，或者只有少许腥味。若猪肉闻起来有一股腥臭味，则表明该猪肉已经变质，不建议食用。

如何选购牛肉

市场上常见的牛肉有黄牛肉和水牛肉。一般来说，黄牛肉的肉质要优于水牛肉，所以我们可以优先选购黄牛肉。

挑选黄牛肉时需要注意：

一、牛肉的颜色和光泽

新鲜的牛肉整体呈红色，光泽度也很好，脂肪部分呈白色或者乳黄色。宰杀后放置几天，牛肉的色泽会变得暗淡，牛脂肪无光泽。变质的牛肉呈暗红色，牛脂肪呈绿色。

二、牛肉的气味

新鲜的牛肉没有异味，偶尔有少许的草腥味。次等牛肉会有些酸味。变质的牛肉会有腐烂的臭味。

三、牛肉表面弹性

品质高又新鲜的牛肉，肉质纤维细密，弹性比较强，手指按压之后，凹陷部分会很快恢复。相反，变质或者注过水的牛肉就没有什么弹性，按压后也难以复原。

四、牛肉表面湿润程度

刚宰杀过的牛肉，其肌肉组织中会产生乳酸，导致牛肉肉质粗硬，口感欠佳，所以在售卖前牛肉通常会被送进排酸间，静置 2 ～ 3 天，让乳酸挥发掉。牛肉在排酸的过程中会消耗一部分水分，表面产生一层风干膜，比较干燥，摸起来不粘手。这种牛肉便是好牛肉、新鲜牛肉。相反，已经变质的牛肉，摸起来容易粘手。

特别要注意两种情况。一种是注水牛肉，这种牛肉用手一捏就会挤出血水。静置一段时间，会发现注水牛肉的周围有不少血水渗出。烹饪时，注水牛肉的体积也会大幅缩小，吃起来口感非常差。另一种是拼接牛肉，俗称假牛肉，这种牛肉的脂肪很容易剥落，没有粘连感。

如何选购羊肉

市场上常见的羊肉有绵羊肉和山羊肉两种。山羊肉的肉色呈浅淡的暗红色，肉质纤维长而粗硬。绵羊肉的肉色偏红，纤维组织中夹杂少许脂肪，肉质细嫩，口感较好，并且没有山羊肉那么浓重的膻味，所以消费者可以优先选购绵羊肉。

挑选羊肉，我们可以从以下几点出发：

一、观察羊肉颜色、肥瘦间隔及肉质纹路

一般情况下，新鲜羊肉大多呈粉红色或淡粉色，颜色分布均匀，有光泽。如果羊肉变质，其色泽会变深、变暗，有的甚至呈灰白色。要特别注意的是，注水羊肉的颜色偏淡，并且毫无光泽。优质羊肉的肥肉和瘦肉的间隔较为明显。新鲜羊肉的纹路较细，排列得较为规则，分布得也比较均匀。

二、细闻羊肉气味

新鲜羊肉有正常的羊膻味，变质羊肉的气味比较刺鼻。经过冷藏后，羊肉的气味会变淡。

三、触摸手感

新鲜羊肉的表面略微湿润，按压有弹性，红肉与白肉相粘连但不会粘手，也不会有水渗出。变质羊肉的水分比较多，挤压后有水流出，表面无黏性。

四、观察肉质细嫩程度

嫩羊肉的肉质细嫩紧密，纹理细小，颜色也淡一些。老羊肉的肉质较为粗糙，纹理粗大，颜色较深。口感上，嫩羊肉要优于老羊肉。此外，嫩羊的骨头比较细小，老羊的骨头更为粗壮。

五、识别检疫章

真正的检疫章不掉色，不容易清洗。如果用手摩擦后能抹掉，则是伪造的检疫章，需要警惕。

另外要注意的是冻羊肉。解冻后的羊肉，如果颜色发白，就说明羊肉已经储藏很长时间，肉质或许已发生变化，不建议购买。

如何选购鲜鱼

鱼肉是百姓餐桌上的常见食材，鱼肉好不好吃，多半取决于它的新鲜程度。那么该怎样挑选鲜鱼呢？我们可以从以下几个方面着手：

一、看色泽

一般来说，新鲜的鱼表面都很光滑，有光泽；不新鲜的鱼表面无光泽，颜色偏暗。要尽量选择身上没有伤痕的鱼，因为有伤痕的鱼，鱼肉更容易变质。

二、看鱼眼

鲜鱼的鱼眼，眼球饱满，微微凸出，清澈明亮，无遮盖，弹性十足。不新鲜的鱼，眼球凹陷，暗淡混浊，像蒙上一层薄膜，呈灰白色。此外，鱼变质后，鱼眼会出现皱缩或移位的现象。

三、看鱼鳃

打开鱼鳃，如果是鲜鱼，则鳃丝清晰，颜色鲜红，有透明黏液，具有淡水鱼的土腥味或者海水鱼的咸腥味，无其他特殊气味。反之，鱼变质后，鱼鳃颜色发灰或者呈暗红色，鳃丝粘连，有浓烈的腥臭味。

四、看鱼身黏液

鲜鱼的表皮有一层薄薄的透明黏液，并且紧紧附着在鱼身上。不新鲜的鱼，表皮黏液较厚，容易滑落。

五、看鳞片

鲜鱼的鳞片完整、有光泽，排列得规整紧密。反之，不新鲜的鱼，鱼鳞不完整，无光泽，鳞片也容易脱落。挑选时可以用指甲刮一下鱼鳞来检验。

六、看鱼肉

如果鱼肉结实有弹性，手指按压后能很快恢复原状，则是鲜鱼。如果鱼肉松散，弹性差，手指按压后不容易恢复，则是不新鲜的鱼。

七、看鱼腹

鲜鱼的腹部较为平整，不会鼓胀，泄殖孔一般为白色，呈凹陷状。不新鲜的鱼腹部鼓胀，泄殖孔凸出。

八、看鱼鳍

鲜鱼的鱼鳍表皮完好无损，紧贴着鳍条，色泽光亮。不新鲜的鱼，鱼鳍表皮色泽暗淡，且有破裂现象。腐败变质的鱼，鱼鳍表皮剥脱，鳍条散开。

九、看体态

鲜鱼身硬体直，鱼唇坚实，不变色，腹紧。放入冰块中保鲜的鱼，鱼头、鱼尾会往上翘，这种鱼也是新鲜的。如果鱼身绵软，鱼唇苍白甚至开裂，鱼头、鱼尾下垂，那就说明鱼不新鲜了。

如何选购香菇

香菇素有“山珍之王”的称号，它营养丰富，味道鲜美，一直被用来搭配其他食材，以提升菜品的口感。那么，怎么才能挑选出品质更好的香菇呢？我们可以注意以下几点：

一、看香菇外观

如果香菇的表面比较干燥，颜色呈浅褐色，则是优质香菇。如果香菇表面湿润，水分较多，颜色较深甚至发黑，摸起来有黏腻感，或者容易破碎的，则可能是存放较久的香菇。

二、看菌盖

如果香菇的肉质饱满厚实，外形像一把小伞，伞盖刚刚打开，则是品质较好的香菇。如果香菇的伞盖已经完全打开，则表明生长时间过长；如果香菇的伞盖没有打开，紧紧包裹着菌根，则表明生长时间过短。这两种香菇的质量都较差，不仅口感不好，食用价值也不高，不建议购买。

三、看菌柄

品质好的香菇，菌柄粗短，大小均匀，握感较坚硬。品质差的香菇，菌柄细长，大小不均，握感较软塌。

四、看香菇伞顶裂纹

一般情况下，品质好的香菇，其伞顶都会有较多且分布较为均匀的裂纹，颜色较淡。相反，如果裂纹较少，颜色较深，那就是品质较差的香菇。需要注意的是，如果伞顶的裂纹过于平整，则有可能是人工雕饰的。

五、看香菇菌褶

品质好的香菇，菌褶紧密、整齐，间距大致相同，分布较为均匀，表面不黏腻，没有霉斑。相反，品质差的香菇，菌褶杂乱，排列无序，还有发黄的现象。购买时可以对比观察。

六、闻味道

正常的香菇，闻起来有一种淡淡的香味。如果闻起来有异味或腐烂的味道，则表明香菇已经变质。

如何选购纯牛奶

一、看配料表

纯牛奶的配料表中只有生牛乳，不含其他添加物。调制乳品的配料表中除了生牛乳，还有水分及各种添加剂。这类乳品迎合了大众需求，口感较好，但营养价值不如纯牛奶高。

二、看营养成分表

牛奶的主要成分是蛋白质。如果每100毫升牛奶中蛋白质含量高于3克，则说明牛奶的营养价值高；如果低于3克，则说明牛奶的营养价值低。所以挑选牛奶的时候，可以优先选择蛋白质含量更高的产品。

三、看牛奶的杀菌工艺

牛奶的杀菌方法一般可分为巴氏灭菌法、超高温灭菌法两种。相比较而言，巴氏灭菌奶的营养价值更高，口感更好，因为灭菌的温度较低，牛奶的大部分营养得以保留。但是巴氏灭菌奶也有缺点，那就是保质期比较短，且运输成本高，需要全程冷链运输和冷藏保存。

超高温灭菌法的性价比更高，因为杀菌更彻底，使牛奶更便于存储和运输，所以牛奶的成本也相对低一些，售价也更为便宜。经过高温杀菌的牛奶，虽然会损失一部分营养，但其剩余营养成分仍基本满足人们日常生活所需。

不建议直接饮用未经过杀菌的鲜牛奶，因为不清楚这类牛奶中是否暗藏病菌，在运输过程中是否被污染，直接饮用的安全风险较高。

如何选购食用油

食用油是每家每户的生活必需品。对于食用油的挑选，我们需要着重注意以下几点：

一、看营养成分

看瓶身的营养成分表，如果成分表中脂肪及维生素 E 的含量高，胆固醇的含量较低，那就是优质食用油。建议优先选择植物油（常见食用油多为植物油），因为植物油不含胆固醇，对心脑血管疾病人群和老年人来说更健康。

二、看质量等级

食用油的包装上通常会标注质量等级，一般分为四个等级。

一级食用油和二级食用油是经过了复杂程序加工而成的，精炼程度更高。这样提炼出来的食用油颜色更浅，炒菜时油烟更少，低温状态下也不容易凝固。三级食用油和四级食用油，由于加工的程序较少，提炼的纯度没有一级食用油和二级食用油高，所以油中所含杂质较多，炒菜时的油烟会比较大，但是这两种油的营养成分相对更丰富，更适合炖菜、煲汤。

三、看颜色

正常的食用油，颜色多为黄色或者浅黄色。颜色越浅，代表食用油的精炼程度越高，杂质越少。当然，芝麻油除外。如果在货架上看到同一品种、同一级别的食用油，其中一瓶比另一瓶颜色深，那么该产品很可能有问题。但若不是同一品种的食用油，则颜色没有参照价值，因为油脂原料和加工工艺都有所不同。

四、看透明度

我们可以观察食用油中是否有沉淀物，是否含杂质，是否有漂浮物，是否有雾状物，透明度是否够高。俗称“油脚”的沉淀物，其主要成分就是杂质，会沉在油的最底层。优质食用油会保持清亮透明、无沉淀物的状态。

如何选购大米

目前市场上的大米品种繁多，价格大不相同，质量参差不齐，消费者该怎样选购大米呢？主要有以下几个技巧：

一、看大米硬度

大米的硬度取决于大米的蛋白质含量。一般情况下，大米的蛋白质含量越高，硬度就越高，透明度也越高。

新米和陈米对比：新米的硬度一般要高于陈米。

含水量对比：含水量越低的大米，硬度就越高。

早熟米和晚熟米对比：晚熟米的硬度要高于早熟米。

选购大米时，可以选择硬度相对较高的大米。

二、看黄粒

大米中的黄粒米越多，表明米的质量越差。

米粒变黄是因为大米中的营养成分在一定条件下发生了化学反应，或者是受到了微生物感染。所以，消费者选购大米时，要尽量挑选无黄粒米的大米。

三、看爆腰

爆腰是指在干燥处埋的过程中，米粒由于受到撞击或者温度急剧变化和水分急剧减少而产生了横向裂纹。爆腰的米粒易碎、易折，煮饭时容易外烂里生，营养价值也大大降低。所以我们在挑选大米时要观察米粒的表面，如果爆腰的米粒过多，则不建议购买。

四、看腹白

大米米粒的腹部通常有一个不透明的白点，腹白部分的蛋白质含量较低，淀粉含量较高。一般来说，水分含量高、不够成熟的稻谷，其腹白都比较大。所以，消费者可以选择腹白较小的大米。如果米粒腹白的颜色为乳白色或淡黄色，则可能是新米。反之，米粒腹白的颜色偏深，甚至呈咖啡色，则是陈米，不建议选购。

五、看新陈

如果大米的放置时间较久，其陈化现象会比较严重，除了色泽变暗，黏性降低，大米原有的香味也不复存在。如果米粒的表面有许多灰粉或有较多白沟纹和裂纹，就说明是陈米。新鲜的大米闻起来有一股谷物的清香，陈米闻起来有一股米糠味，甚至是发霉的气味。

另外，如果米粒中有虫蚀粒或者虫尸，则说明是陈米，不建议购买。

如何选购蜂蜜

蜂蜜作为滋补佳品，具有美容养颜、润肺去燥的功效。市场上的蜂蜜品种较多，质量良莠不齐，挑选蜂蜜需要注意以下几点：

一、看包装上的配料表

优质蜂蜜的配料表上除了蜂蜜，不会含有其他添加物。劣质蜂蜜的配料表上除了蜂蜜，还可能含有糖或其他物质。

二、看外观

蜂蜜的品种不同，颜色也不同。例如，槐花蜜的颜色相对较浅，杂花蜜的颜色相对较深。目前市场上的蜂蜜颜色各异，有白色、浅黄色、红褐色及琥珀色等。在挑选蜂蜜时要了解不同蜂蜜品种的颜色，这样方便比较和识别。

除了颜色，蜂蜜的状态也需要注意。品质较好的蜂蜜，在常温下通常会呈现出透明或半透明的胶状，在低温下会出现结晶。一般不建议购买结晶蜂蜜，结晶蜂蜜虽不是假蜂蜜，却很容易造假，即使里面掺杂白糖或其他物质，消费者也不容易察觉。

三、看流动速度

优质蜂蜜的含水量一般较低，流动速度也比较慢，非常黏稠。这种蜂蜜的含糖量都比较高。劣质蜂蜜的含水量较高，流动速度较快，用筷子搅动时也不易与筷子粘连。这种蜂蜜含糖量较低，不建议购买。

四、看沉淀物

取一杯水，将蜂蜜倒入杯内，常温静置几天。如果蜂蜜水依然清澈透明，则说明是优质蜂蜜；如果水杯底部有很多絮状物或沉淀物，则说明蜂蜜的质量存疑。

五、闻气味

优质蜂蜜闻起来有一股浓浓的花香味，单花蜜的香味一般与蜜源植物相同。这种香味，无论存放多久都不会消散。如果闻不到什么气味，或是闻到其他气味，如焦味或腥味等，则很有可能是假蜂蜜。

六、看气泡

将蜂蜜倒入一杯清水中，用力摇晃水杯，如果水杯中产生较多泡沫，并且静置一段时间后也不会消退，这类蜂蜜就是好蜂蜜。

此外，蜂蜜还有水蜜和成熟蜜之分。水蜜的含水量高，不容易保存，但产量高，价格相对较低。成熟蜜的含水量低，生产周期长，但产量小，价格相对较高。成熟蜜的营养价值和口感都要优于水蜜。

关于挑选蜂蜜的常见误区：

一、将蜂蜜滴在纸巾上，不渗透、不散开，就是好蜂蜜？

实际上，这种方法只能检测蜂蜜的含水量。浓稠的糖浆也可以达到这种效果，所以这种方法不准确。

二、用勺子挑起，拉丝长且不断开，就是好蜂蜜？

这种方法是错误的，因为加了糖浆的蜂蜜，其拉丝长度可能比真蜂蜜还要长。

三、加碘酒后不变色，就是好蜂蜜？

很显然，这种方法是不准确的。因为蜂蜜加碘酒后变色，只能说明该蜂蜜中含有淀粉，如果商家使用白糖或糖浆来造假，这种方法就不管用了。

如何选购木耳

木耳含有多种氨基酸和微量元素，具有很高的营养价值。市场上常见的木耳包括鲜木耳和干木耳。新鲜木耳中含有一种名为卟啉的光感物质，过敏体质的人食用之后可能会出现皮肤瘙痒等症状。而经过日光曝晒后，新鲜木耳中的卟啉类物质会自行分解，所以消费者应该尽量选择干木耳。挑选干木耳时，我们需要注意以下几点：

一、辨颜色

优质木耳的正面大多是乌黑色，且富有光泽，反面有一层灰褐色的细细的绒毛。

将木耳置于清水中浸泡，如果水变黑，则该木耳有可能被墨汁浸染过。这样的木耳用手捻一下，手上会有黑色残留物。反之，用手捻正常的木耳，手上不会有黑色残留物，而且洗净后的木耳颜色鲜亮，光泽度好。

二、掂分量

木耳越干燥，其重量就越轻，用手掂量时几乎感受不到重量。如果掂起来有轻微压感，那么木耳有可能是受潮了，或是被商家用化学药剂浸染过。

三、看有无虫蛀

优质木耳应该大小均匀，没有虫蛀或霉烂的现象。此外，我们要尽量挑选根部较小或者无根的木耳，因为根部大的木耳更容易隐藏泥沙等杂质，洗净后摘取的损耗也比较大。

四、看耳片

优质木耳的耳片较厚，形状匀称，泡发后表面有淡淡的光泽，看起来弹性十足。如果耳片卷曲，吸水后泡发率不高，则木耳的质量一般。如果耳片过于卷曲，根部结块，则很有可能是劣质木耳。

此外，我们可以尝试轻轻掰木耳，好的木耳经干燥处理后仍有韧性，不容易折断。如果容易折断，且断面会反光，则很有可能是食用胶制成的木耳。

五、尝味道

取少量木耳咀嚼，如果有一股纯正的清香，则是好木耳。如果有异味，如咸味、甜味、碱味等，则该木耳有可能被药剂浸泡过。

第四章

警惕日常生活中的食品安全隐患

一次性餐具真的卫生吗?

一次性餐具似乎已经与我们的日常生活密不可分，订外卖、吃快餐时都会用到一次性餐具，为我们带来了极大的便利。一次性餐具成本低，不需要清洗，看起来干净又卫生，但它们真的安全吗?

答案是并不一定。一般来说，具备生产许可证的正规厂家生产的一次性用品，是符合国家标准的，对人体来说比较安全。但市面上也有不少“三无”小作坊生产出来的产品。不法分子为了降低成本可能会使用一些不达标的原材料，这些原材料本身对人体健康就具有危害性。同时，为了使产品看起来“正规”，不法分子在生产加工过程中还会使用一些非法物质，导致“毒上加毒”。

下面，我们就一次性餐具容易出现的几种问题来说一说。

一次性筷子：不法分子往往会使用劣质木头、竹子或者回收的旧筷子加工一次性筷子，还会使用工业双氧水或硫酸钠进行“美白”，再用石蜡抛光处理。长期使用这样的一次性筷子会对人体口腔、食道、肠胃造成伤害。此外，过了保质期或者存放于潮湿环境下的一次性筷子容易发霉，产生黄曲霉毒素，而黄曲霉毒素是国际癌症研究机构（IARC）认定的1类致癌物，毒性强。所以，如果一次性筷子有明显的异味、霉斑或虫蛀痕迹，看起来非常白，或者用清水浸泡时水明显变黄，就不应再使用。

一次性塑料碗：一次性塑料碗主要有聚丙烯塑料（PP）、聚乙烯塑料（PE）、聚苯乙烯塑料（PS）几种材质。其中，聚苯乙烯塑料不能用于盛装高温食物，也不能直接置于微波炉加热，否则会释放苯乙烯和乙苯等化学物质，污染食物。所以，尽量不要使用一次性塑料碗去盛装高温食物。此外，正规的一次性塑料碗的表面应该是比较光滑的，颜色、厚度也比较均匀，如果发现有毛刺、杂质、水纹等就不应再使用。

一次性纸杯：一次性纸杯分为冷饮杯与热饮杯。冷饮杯的内壁需要涂上一层蜡，以便于防水。食品级石蜡一般对人体健康没有影响，但成本低的工业石蜡则不然，在装热水时可能会释放致癌物质，具有危害性。热饮杯的内壁使用的是聚乙烯淋膜，如果使用劣质聚乙烯材料，纸杯在装热饮时会散发出一股怪味。所以，应尽量避免使用一次性纸杯装开水，如果非要装开水，那么闻到或尝到异味时就应立即停止使用。

一次性餐盒：一次性发泡塑料餐盒可能含有荧光增白剂，进入人体后只能通过肝脏代谢，极大地加重了肝脏的负担，甚至还有致癌隐患。国家曾经明令禁止使用这种餐盒。劣质的一次性发泡塑料餐盒通常是以工业废料为原料，高温加热时会析出多种有毒物质，对人体神经系统造成伤害，发育期儿童长期摄入这些物质可能会引发多动症。所以，不建议使用那些材质过软、容易撕破、颜色不均匀、透明度差的塑料餐盒。

切菜不分生熟有风险

常吃外卖不健康、不卫生，但自己在家做饭同样存在风险。很多人在切菜时往往生熟不分，用同一把菜刀在同一块砧板上先后切生食和熟食，这种方式其实不利于健康。

很多生食中含有易引发疾病的细菌，如生肉、生鸡蛋中多含有沙门氏菌，生鱼片中可能含有肠炎弧菌。这些细菌进入人体后可能引发呕吐、恶心、腹泻、腹痛、发烧、手脚麻木、呼吸困难等症状，严重者还可能出现肾功能障碍、意识障碍、急性腹膜炎等。

处理过生食的菜刀与砧板，如果未经清洁就去处理熟食，很可能会导致交叉污染，使人得病。

最好的解决方法是准备两套用具，分别用来处理生食与熟食。如果不具备这种条件，也可以使用双面砧板，一面处理熟食，一面处理生食。盛过生食的容器未经清洗消毒也不能用来盛放熟食。每次用完砧板都要洗刷干净，放置在通风干燥处。如果是木砧板，要注意是否长霉，即使没有明显的霉点，在使用两年后也应该及时更换。

此外，要定期深度清洗砧板，以下几种方法比较便捷：

一、沸水煮 10 分钟以上。

二、75% 浓度的酒精或者消毒剂浸泡消毒。

三、用白醋浸泡表面，撒上食盐，再用一支干净的牙刷配合牙膏刷洗。

瓷器也可能让你中毒

瓷器造型多样，容易清洗，是家用餐具的首选。但很多人可能不知道，瓷器也存在着安全隐患，选择不当可能会导致人体中毒。从装饰技法上来看，瓷器一般分为釉上彩、釉中彩、釉下彩三种，均由坯体泥层、釉面层、颜料绘层构成，主要区别在于烧制的方法与彩绘的位置。

釉下彩是在已经成形的半成品上绘制图案再罩以釉面，经 1200 ～ 1400℃高温一次烧成，图案在釉下。釉下彩瓷器表面平滑柔和，看起来晶莹剔透，具有折光效果。

釉中彩则是在上好釉的瓷器上绘制图案，经过 1100 ～ 1260℃高温烧制，使颜料渗入釉内，冷却后再次上一层釉面，图案在中间。釉中彩瓷器看起来同样细腻晶莹，还具有抗腐蚀、耐磨损的特点。

釉上彩的烧制过程与釉中彩有些相似，也是在上好釉的瓷器上进行绘制，然后用 600 ～ 900℃的温度二次烧制使颜料固化。釉上彩瓷器具有更为鲜艳的色泽，但图案在上层，花纹摸起来有明显的凹凸感，不平滑，长期使用也容易磨损。

从安全性上来说，釉下彩 > 釉中彩 > 釉上彩。

泥料与釉料基本不存在安全隐患，隐患主要源自装饰绘画的颜料。低成本的化工颜料，可能会含有铅、镭、镉等重金属物质，对人体健康极为不利。

釉下彩与釉中彩需要更高温度烧制，熔点低于 1000℃的重金属在烧制过程中都会挥发掉，而且釉下彩与釉中彩的绘层并不与食物直接接触。釉上彩的烧制温度相对较低，重金属残留的可能性更大，绘层也与食物直接接触。当这种瓷器餐具用于盛放醋、酒、果汁、蔬菜等有机酸含量较高的食物时，其中含有的重金属可能会溶解，并随食物进入人体内，久而久之可能会引发慢性铅中毒等，损伤肝肾，甚至引发癌症。

所以我们在选择瓷器类餐具时，尽量选择釉下彩与釉中彩瓷器餐具，颜色以白色或者浅色为佳，食物的接触面不应有花纹。新餐具买回家后可用醋浸泡 3 小时，这样能除去部分有害物质。

使用保鲜膜要小心

保鲜膜也是厨房中常用的产品，可以帮助食物隔绝灰尘、锁住鲜味。但保鲜膜是塑料制品，使用不当会影响人体健康。常见的保鲜膜有聚氯乙烯（PVC）、聚偏二氯乙烯（PVDC）、聚乙烯（PE）、聚甲基戊烯（PMP）等材质。

PVC 材质的特点是黏性好，延展性强，不易破损，由于加入了塑化剂、PVC 热稳定剂，其耐热温度可达到 130℃。不过，塑化剂在高温下可能会渗入高油脂食物中，人体长期食用会影响内分泌，有罹患乳腺癌的风险，还可能导致男性生育功能减弱、新生儿先天缺陷、精神障碍等。所以 PVC 保鲜膜不适用于包装高热、高油、含酒精食物，仅适用于包装生鲜食品。

PVDC 材质的特点是结实、易粘附，耐热性强，耐受 140℃高温，无毒性，较安全。它的透气性相对较差，但可以较好地隔绝水、气体、油脂类物质，更适用于保存熟食、肉类、火腿等食物。但 PVDC 材质成本高，加工难度大，市场占有率不高。

PE 材质的特点是透气性好，不含塑化剂，安全性高。但它的黏性和耐热度都不如 PVC、PVDC，只耐受 100℃高温，不建议用微波炉加热。由于透气性强，它也不适用于易氧化酸败的熟食、糕点，最好用于包装新鲜果蔬、冷冻食品。

PMP 材质的特点是不含塑化剂，稳定性佳，耐热温度高达 180℃，可用于微波炉加热，是最安全的一种保鲜膜。

如何正确安全地使用保鲜膜？

一、尽量不要购买PVC材质的保鲜膜，首选PMP材质或PE材质。除了产品包装上的标识，还有一些方法可以辨别保鲜膜的材质，比如表面泛黄、不易用手搓开、燃烧时冒黑烟、有刺鼻气味、不滴油的为PVC材质；而表面呈白色、容易用手搓开、燃烧时火焰呈黄色、无味、会滴油的则是PE材质。

二、没有明确标注“适用于微波炉”的保鲜膜不要用微波炉加热。加热时注意保鲜膜与食物的距离，尽量不要相互接触。加热前可用牙签在保鲜膜上戳个小孔，利于水分蒸发。无论哪种保鲜膜都不能长时间加热。

三、拒绝重复使用保鲜膜。

冰箱定期消毒很重要

冰箱已经成为中国家庭的必备电器。它可以帮助食物锁住水分，延长储存时间，但使用时间一长，冰箱内部还是容易滋生细菌。

嗜冷菌、李斯特菌、耶尔森氏菌等都具有较强的抗冻能力，在低温环境下十分活跃，能迅速繁殖。牛奶开封后存放过久，可能会引起李斯特菌的大量繁殖，不幸感染可能会引发头疼、腹痛、腹泻、发热等症状。而冻肉、鲜肉、海鲜等食物中可能存在耶尔森氏菌，有引发胃肠炎、阑尾炎的风险。沙门氏菌、金黄色葡萄球菌等常见食源性致病菌能在低温环境中存活，潜伏在食物中，一旦温度恢复到常温，便会大量繁殖。所以定期对冰箱进行清洁、消毒非常重要。

如何正确地对冰箱进行消毒呢？

清理冰箱前应该把食物清空，并断开电源，将冷藏室的隔板、果蔬盒等取出洗净。清洁冰箱时可先用清水擦拭内壁、密封条等位置，再用浓度 75% 的医用酒精进行消毒。冷冻室需要等冰霜自然化解后再清洁消毒。建议每个月至少清理一次冰箱。

此外，正确存放食物也很重要，否则容易出现串味或交叉污染等情况。

一、日常不应该将冰箱塞得太满，否则不利于空气流通，发现快要腐烂的食物应尽快拿出，避免污染其他食物。

二、生食和熟食要区分开。肉类需要分装好再放入冷冻室，蔬菜、水果最好擦干再放入冷藏室，馒头、花卷等面食放入冰箱会加速硬化，可以先用保鲜膜包好。

三、香蕉、芒果等热带水果不宜放入冰箱，否则会冻伤水果影响口感。土豆、洋葱、南瓜等食物也不必放入冰箱，置于通风干燥处即可。饮料不可放入冷冻室，否则有可能引起包装冻裂。

四、生鸡蛋要用容器装好，独立放置于冷藏室，不可置于冷冻室。鸡蛋表面勿接触其他食物，避免沙门氏菌传播。

隔夜蔬菜最好不要吃

自己在家做饭难免有剩菜，很多人都会选择留到第二天再吃。很多上班族也是在前一天准备好第二天的午餐带到公司。可是，也有人担心这样的做法存在健康隐患，认为隔夜菜有可能致癌。对于这个问题，人们一直争论不休，那究竟应该怎样看待隔夜菜呢？

首先，隔夜菜并非指放置了一夜的菜，只要放置超过

8 小时都称得上是隔夜菜。隔夜菜可能会产生亚硝酸盐，虽然这种物质本身不致癌，但进入人体后在胃酸的作用下可与胺类物质反应，产生亚硝胺。亚硝胺是致癌物，可能引发食管癌、胃癌、肠癌等疾病。不过，只有在一次性摄入不低于 0.3 克的亚硝酸盐的情况下，人体才会有中毒与致癌的风险。大部分放置超过 8 小时的剩菜，都远远达不到这个标准。

然而，这并不代表隔夜菜就是完全安全的。从食材上来说，绿叶类、茎叶类、果菜类蔬菜最好不要放置过夜，比如包心菜、花菜、大白菜、丝瓜、芹菜、油麦菜、空心菜等。这些食物本身就含有大量硝酸盐，烹饪后放置过久容易滋生细菌，而在细菌的分解作用下，硝酸盐可能会生成亚硝酸盐，从而带来健康隐患。此外，蔬菜中的维生素在反复加热后已经基本流失，营养价值并不高，口感也不好。除了隔夜蔬菜外，汤羹、散装卤味、溏心蛋、银耳、木耳、海鲜、茶水等都不建议隔夜食用。

剩菜不舍得扔掉时应该妥善保存，最好先将预计吃不完的菜提前盛出，密封后放置于冰箱中，减少交叉污染，避免细菌滋生。再次食用时，需要充分加热以杀菌。

另外，剩饭、剩菜不可反复加热，闻起来有异味时也不可再吃。

西瓜久放易中毒

西瓜是很多人喜爱的水果，也是夏季的消暑利器。它的脂肪含量少，含水量高达 92%，并且富含维生素 A、维生素 C、维生素 B6、番茄红素、瓜氨酸、膳食纤维等，对人体健康十分有利。

但是，西瓜切开后不宜存放太久，否则容易滋生细菌，高糖分的西瓜是细菌最爱的培养皿，人食用后可能会感到不适甚至中毒休克。

切开后的西瓜如何存放呢？

夏季炎热，切开的西瓜最好在 4 小时左右食用完，不管有没有用保鲜膜包裹，8 小时后不建议再食用。将西瓜放置在 0 ～ 4℃的环境中，可以延长它的保鲜时间，但冷藏时应用保鲜膜密封好，冷藏时间最好不要超过 12 小时，最长不应超过 24 小时，再次食用时应该将空气接触面的瓜瓤切掉。如果西瓜出现发酸等异味，应立即停止食用。

关注桶装水质量

健康饮水这件事变得越来越重要，有人担心自来水不卫生，也有人认为自来水口感不好，于是选择桶装水的人越来越多。市面上的桶装水种类繁多，消费者该如何选择呢？

首先，我们要厘清饮用水的基本分类和制作标准。根据《食品安全国家标准 包装饮用水》（GB19298-2014）[①]和《食品安全国家标准 饮用天然矿泉水》（GB8537-2018）[②]的划分，目前市场上的饮用水主要分为包装饮用水和饮用天然矿泉水，其中包装饮用水又可分为饮用纯净水和其他饮用水。这三种水的制作工艺和质量标准是不同的。

饮用天然矿泉水是指从地下深处自然涌出的或经钻井采集的，含有一定量的矿物质、微量元素或其他成分，在一定区域未受污染并采取预防措施避免污染的水。饮用天然矿泉水可以为人体补充水分及多种人体必需的矿物质和

① 以下简称《包装饮用水》。
② 以下简称《饮用天然矿泉水》。

微量元素。

饮用纯净水是以符合《包装饮用水》3.1 原料要求[①]的水为生产用源水，采用蒸馏法、电渗析法、离子交换法、反渗透法或其他适当的水净化工艺，加工制成的包装饮用水。饮用纯净水口感较好，但几乎不含矿物质。

其他饮用水可分为两种，一是以符合《包装饮用水》3.1 原料要求的水为生产用源水，经适当的加工处理，可适量添加食品添加剂，但不得添加糖、甜味剂、香精香料或者其他食品配料加工制成的包装饮用水；二是以符合《包装饮用水》3.1.2、3.1.3 原料要求的水为生产用源水，仅允许通过脱气、曝气、倾析、过滤、臭氧化作用或紫外线消毒杀菌过程等有限的处理办法，不改变水的基本物理化学特征的自然来源饮用水。其他饮用水主要是指矿物

---

①3.1 原料要求：

3.1.1 以来自公共供水系统的水为生产用源水。其水质应符合 GB 5749 的规定。

3.1.2 以来自非公共供水系统的地表水或地下水为生产用源水，其水质应符合 GB 5749 对生活饮用水水源的卫生要求。源水经处理后，食品加工用水水质应符合 GB 5749 的规定。

3.1.3 水源卫生防护：在易污染的范围内应采取防护措施，以避免对水源的化学、微生物和物理品质造成任何污染或外部影响。

质水。矿物质水是在饮用纯净水的基础上添加少量矿物质类食品添加剂，经杀菌灌装制得的水。矿物质水主要是为了满足消费者对口感的需求，其功效并不等同于饮用天然矿泉水。

市面上在售的包装饮用水只分为饮用纯净水和其他饮用水两类，即不是饮用纯净水就归类为其他饮用水。之前关于饮用水的五花八门的叫法都被禁止了，比如“蒸馏水”“活化水”“功能水”“富氧水”等，都被禁止出现在包装饮用水的外包装标识上。所以消费者在挑选包装饮用水时应该做到心中有数，不要被轻易误导。

除了饮用水的制作工艺和卫生标准之外，影响桶装水质量的因素还包括消毒、灌装、密封、包装等环节及水桶材质。具体来说，有以下鉴定方法。

一、要选择正规厂家生产的产品。桶装水的外部一般会标注厂家、名称、生产日期、地址，以及桶的材质、SC 编码。特别值得注意的是，合格桶装水的外部通常具有两个 SC 编码，一个是桶装水的 SC 编码，一个是水桶的 SC 编码。

二、看桶的材质。合格的水桶应为食品级 PC[①] 材质，一般桶底会有标识。PC 材质的水桶常温下稳定性高，可以耐 180℃高温，抗冲击性强，敲击起来声音清脆，具有阻燃性，透明度高。有些商家为了美观会把桶做成清凉的淡蓝色，但如果蓝色太深或者有杂质、黑点，则该水桶可能含有太多废料。

三、看桶身外观。水桶外观应该干净，摸起来平滑不刺手。另外，水桶也有保质期，超过 5 年不可使用。

四、看封口处。合格桶装水的封口膜较厚，紧实平整，色泽均匀，而劣质桶装水的封口膜一般较薄，褶皱较多，色泽不均匀。

五、看桶内水质。桶内的水应该无色无味、清澈透明，无肉眼可见的杂质等。如果发现水质变黄，有絮状沉淀物，一定不可饮用。

此外，我们还应该注意桶装水的保质时间。未开封的桶装水保质期为 3 个月，开封后最好在 10 天内喝完。桶装水经过臭氧消毒，如果臭氧残留在水中，时间一长可能

---

① 一种以聚碳酸酯为基材的食品接触用高分子材料。

会产生溴酸盐，它是一种潜在致癌物质，对身体可能会造成慢性伤害。在更换桶装水时，我们有时能听到“咕咚咕咚”的声音，这说明气体进入了桶中，同时细菌也可能随之进入，所以桶装水开封后应尽快饮用。此外，平时也要定期对饮水机进行清洗消毒，否则容易滋生细菌，污染水源。

腐烂水果切掉腐烂部分也不要吃

水果是家中必不可少的食物，有时候不可避免地会遇到水果因放置过久而局部腐烂的情况。有人觉得全部扔掉有些可惜，便将腐烂的部分削掉继续吃。这样做，是对的吗？

不，这样做非常危险！即便水果只是局部腐烂，削掉腐烂部位也不可以再食用。水果放置过久而腐烂，一般是因为真菌侵蚀引发了霉变。真菌的繁殖速度非常快，在繁殖的过程中会代谢出真菌霉素这类有害物质。真菌霉素不仅存在于霉变部位，还会向未腐烂的部位扩散，只切掉腐烂的部位并不足以排除风险，尚未腐烂的部分或许已经被污染，而这些有害物质一旦进入人体，便会对健康造成威胁，长期食用甚至可能引发癌症。

展青霉素常存在于霉变的苹果、梨、山楂、番茄等水果中，可在 0 ～ 40℃环境下生长，在 20 ～ 25℃的温度范围内生长速度尤其快，一旦进入人体，会导致人体胃肠功能紊乱，引发腹痛、腹泻、呕吐、肺水肿、肾脏衰竭、出血等症状，甚至还有致癌、致畸的可能性，孕妇一定不能食用。

腐烂的水果中也可能含有黄曲霉毒素，它是目前发现的世界上最强的致癌毒素，1mg/kg 的剂量即可能诱发肝癌、骨癌、肾癌、直肠癌、乳腺癌、卵巢癌等，剂量过大甚至能直接导致死亡。

赭曲霉毒素大多存在于霉变的葡萄及葡萄制品、柠檬类水果中，一旦食用对肾脏功能的影响较大，孕妇食用还有可能损伤免疫系统，导致胎儿畸变。

注意含有天然毒素的食品

在工业发展如此迅速的今天，纯天然食品似乎总被认为是好的，受到大众的追捧。然而，纯天然食品并不一定就比加工食品更加健康安全。一些食物本身就含有天然毒素，这些毒素一旦进入人体可能会带来严重后果。

河豚（又名鲀）：肉质鲜美，蛋白质含量高，有着丰富的营养，但同时它的卵巢、肝脏、血液、眼睛中都含有毒素，这种毒素会使人出现神经麻痹、手指发麻、全身无力、头晕呕吐等症状，甚至直接死亡。所以，切勿食用未经处理的河豚，也不建议自行处理，最好交给相关专业人士。

马铃薯：成熟的马铃薯是可以正常食用的，但已经发芽或表皮呈绿色的马铃薯中却含有大量龙葵素。摄入少量龙葵素对人体并无影响，但一旦摄入量超标便会中毒，可能引发咽喉瘙痒、腹部灼烧、恶心、呕吐、腹泻等症状，严重者可能还会伴随头痛、轻度意识障碍、呼吸困难等症状，危及生命。值得注意的是，食物中的龙葵素无法通过普通的烹饪手段去除，只有经过170℃高温烹调才可能分解，所以马铃薯一旦发芽就不要再吃。

黄花菜：黄花菜中含有丰富的维生素、蛋白质、氨基酸等物质，具有消炎、止血、清热、消食、安神、明目等功效，也有利于孕妇产后分泌乳汁。不过，新鲜的黄花菜中含有秋水仙碱，过量摄入可能会引发呕吐、恶心、腹泻等症状。食用新鲜黄花菜的正确做法是将黄花菜的花蕊取掉，在沸水中加入盐焯2～3分钟，最后用热油炒。还有一种方法，是将焯水后的黄花菜放在太阳下晒干，制成干黄花菜。

木耳：木耳的口感爽滑细嫩，富含蛋白质、维生素、矿物质等营养成分，有“素中之荤”的称号。木耳正常泡发后食用并无问题，但泡发时间过长会滋生米酵菌酸，人食用后可能会中毒，出现恶心、腹泻、头晕、无力等症状。木耳的浸泡时间建议控制在 4 小时内，浸泡过程中最好能勤换水，发现异味则不可再食用。

菜豆、扁豆、刀豆等豆类食物中一般都含有植物红细胞凝集素，而植物红细胞凝集素进入消化道会刺激消化道黏膜，诱发胃肠道炎症，导致消化不良；进入血液后会黏着红细胞，增加血液黏度，长期食用可能引发血栓等心血管疾病。所以，未经高温烹调的豆类食物不可食用。

另外，蘑菇是很多人喜爱的食物，它种类繁多，在自然界中极为常见，但毒蘑菇也有不少，我国已知的毒蘑菇就超过 200 种。毒蘑菇与可食用蘑菇外形相似，大多数人不具备分辨的能力，也很难用肉眼分辨出来。毒蘑菇的毒素性质稳定，一般的烹饪方法无法去除其毒性，人食用后轻则出现恶心、呕吐、腹泻、腹痛、视力模糊、精神错乱等症状，重则损伤肝脏、肾脏等器官，导致昏迷、死亡。所以建议人们不要去山上采摘或者在路边随意购买野生蘑菇，以杜绝风险。

尽量不要给孩子使用塑料奶瓶

塑料奶瓶轻便耐用、不易摔坏，原因在于塑料奶瓶中含有一种名为双酚 A 的化学物质，它可以使塑料变硬，使其耐用性更强。不过，双酚 A 在高温下会被析出，并随牛奶、水等食物一起进入婴幼儿体内，给人体带来健康隐患。双酚 A 进入人体后会模拟雌激素，扰乱人体内分泌系统的平衡，从而影响身体发育、破坏生殖系统以及免疫系统，还有可能引发肥胖症、糖尿病、多动症等。如何尽量避免接触双酚 A 呢？

一、最好放弃使用塑料奶瓶、塑料水壶、塑料勺、安抚奶嘴等塑料制品，尽量以玻璃容器、不锈钢容器、瓷器等替代。

二、在只能使用塑料奶瓶的情况下，不得将其置于微波炉或洗碗机中高温加热，否则会加速双酚 A 析出。需要加热瓶中食物时，可将奶瓶放置于温水中慢慢加热。

三、清洗塑料奶瓶时不用可能损坏瓶身的钢丝球等清洗工具，尽量用海绵刷、布片进行清洁。不可用刺激性清洁剂，不可用过热的水清洗。若发现塑料奶瓶有裂痕或者老化现象应该及时丢弃，划痕处不仅容易堆积污垢与细菌，也更容易释放双酚A。

如何正确去除果蔬中残留的农药

果蔬的种类越来越丰富，但果蔬的农药残留问题却一直困扰很多人。果蔬中残留的农药进入人体后会对健康造成影响，所以应该清洗干净。那么，究竟该如何清洗才能有效去除这些有害物质呢？

一、削皮去除。可以削皮的果蔬尽量削皮吃，直接去除外皮后基本可以杜绝农药残留，比如苹果、梨子、黄瓜、茄子等。

二、清水浸泡后冲洗去除。对于不适合削皮去除的叶菜类蔬菜，可以先用流水冲洗表面污垢，再用清水浸泡5～15分钟，最好不要超过20分钟，否则可能会使农药重新吸附上去；也可加入果蔬清洗剂，再用流水冲洗两三次。白菜、香菜、生菜等都适用于此方法。

三、碱水浸泡后冲洗去除。先用流水冲洗果蔬表面的污垢，再将其放入添加了小苏打的清水中浸泡。小苏打呈弱碱性，可以中和掉含有机磷的农药。用小苏打水浸泡15分钟左右，再用清水冲洗两三次。葡萄、草莓、樱桃、杨梅等水果均适用于此方法。

四、沸水去除。某些农药可以通过加热使其失效。将蔬菜洗净后置于沸水中煮上1～3分钟，再用清水冲洗干净。此方法适用于豆角、花菜等。

豆浆一定要完全煮熟才能喝

豆浆是很多人喜爱的早餐饮品。它富含植物蛋白、卵磷脂、大豆异黄酮、维生素B2、维生素E，以及铁、钙等矿物质，且易于人体吸收。不过，不少人喜欢买生豆浆回家煮着喝，认为这样做更加卫生健康，也更为经济实惠。但是，生豆浆一定要完全煮熟才能喝，未煮熟的豆浆会给身体带来不良影响。

这是因为生豆浆中含有胰蛋白酶抑制剂、酚类化合物等物质。胰蛋白酶抑制剂会抑制人体蛋白酶的活性，阻碍蛋白质的吸收，导致消化不良、食欲下降、恶心呕吐等。

酚类化合物则会给豆浆带来苦味与腥味。所以，饮用未完全煮熟的豆浆可能会引起恶心、呕吐、腹泻、腹痛等症状，严重者会出现脱水和电解质紊乱等反应。而只要将豆浆完全煮沸，这些物质就会被清除掉，并不会对人体产生危害。

如何判断豆浆是否完全煮熟呢？

在煮豆浆的过程中，如果看到表面已经沸腾并产生大量白色泡沫，这个时候别急着关火，因为此时的豆浆温度并没有真正达到 100℃。正确的做法应该是调成小火继续加热 5 分钟左右，待泡沫完全去除即可。这样煮出来的豆浆才是完全熟透的，而且煮熟的豆浆一般不会有豆腥味。

如何解冻食物才能避免细菌快速繁殖

冰箱帮助我们更好地保鲜食品，同时也有效地延长了食品的储存时间。平时将肉类或水产品买回家后，如果不是当天食用，我们一般会将其放置在冰箱的冷冻室中，等需要食用时，再将其置于空气中自然解冻或者放置于热水中浸泡。但事实上，这几种做法都不正确，不仅影响口感，还会导致细菌快速繁殖，给人体健康带来隐患。

自然解冻用时很长，而肉类长时间暴露于空气中，也会滋生大量细菌，因此并不推荐这种方法。

热水浸泡解冻的效率同样低，也无法使食物均匀地解冻，且食物中原本被低温抑制的微生物可能会随着温度升高而快速繁殖。如果将肉类食品直接放入热水中解冻，肉的表面温度会迅速升高，甚至会变色，同时还可能导致营养物质流失。无论是从口感、营养的角度考虑，还是从健康角度出发，都不建议用热水浸泡解冻食物。

温水或冷水解冻同样不可取，不仅解冻时间长，而且会导致细菌大量繁殖。很多细菌在 50 ～ 60℃的环境下活性最佳。相对而言，流动冷水解冻用时更短，也可以带走一部分细菌，但营养物质也会随之流失，并且浪费水。

如果非要用水解冻，最好是用保鲜膜将冷冻肉密封包裹，再一并浸泡在冷水中，隔 20 分钟左右换一次水，直到完全解冻，这样可以最大程度地保证肉质新鲜、营养物质不流失。或者在水中加入盐，让冷冻肉在盐水中浸泡 1 ～ 2 小时，这样可以有效避免细菌滋生，还能加速冷冻食品的融化。

实际上，最好的解冻方法是提前将肉类用保鲜膜包裹好放置于冷藏室。冷藏室的温度虽然高于冷冻室，但仍比室内温度低很多，依然可以有效地防止细菌在短时间内大量繁殖，而且可以使冷冻食品更为均匀地解冻，不会影响口感或造成营养物质的流失。此外，如果家中有微波炉又急于解冻，可以使用微波炉解冻，不过微波炉解冻的弊端是解冻不均匀，口感也会受到影响。

需要注意的是，解冻好的肉最好不要再放入冰箱中，应尽快食用。

第五章

关于食品安全的谣言与偏见

“零添加”未必“零危害”

正所谓“民以食为天”，随着人们生活水平的提高，食物的种类日渐丰富，“科技食品”“网红食品”“锁鲜食品”等各种含有添加剂的食品层出不穷。人们在徜徉于这个多元美食世界的同时，也不免心生疑虑：这些食品真的安全吗？

面对消费者的疑虑，商家纷纷打出“零添加”旗号，随着对这一“优点”的鼓吹，产品零售价也水涨船高。一时间,“零添加食品”与“健康食品”几乎可以画上等号。可是,“零添加”真的等同于“零危害”吗？真的代表“最健康”吗？

对此，不少专家表示质疑，“零添加不一定代表完全健康，有食品添加剂的产品也不等同于低劣产品”，“不要盲目追捧食品标签上标注的‘零添加’或‘纯天然’，还要综合考虑食品的营养价值。购买食品时要看营养标签，结合自己的健康需求来合理选择食品”。

其实，“零添加”标签之所以盛行，除了商家对消费者购物心理的迎合之外，其根本原因在于大众对食品添加剂的误解与担忧。

目前我国批准使用的食品添加剂有两千多种，常见的食品添加剂可分为抗氧化剂、漂白剂、着色剂、护色剂、酶制剂、增味剂、防腐剂、甜味剂等23个门类，其主要作用包括防止食品变质，改进食品的感官特性，保持或提高食品的营养价值，方便食品的加工与运输等。事实上，食品添加剂与健康并非对立关系，甚至对维护食品安全、促进人体健康更有益。

国家食品安全风险评估中心主任李宁曾在国家卫生健康委员会2022年6月27日召开的新闻发布会上公开表示："实际上食品工业的发展是离不开食品添加剂的，比如改善食品色泽所用的着色剂、预防食品腐败所用的防腐剂、代糖的甜味剂，比如卤水点豆腐所用的凝固剂，这些都是食品添加剂。正是有食品添加剂的存在，才使得食品的生产、储运和流通得以正常进行，超市里的各种食品才能如此丰富多彩和琳琅满目。我们国家对食品添加剂的使用采取了严格的审批管理制度，只有工艺技术上确实有必要，而且我们要经过风险评估，安全可靠的食品添加剂才会批准使用。即使安全性得到保障，没有工艺必要，也不会批准使用。此外，我们对每一种食品添加剂在哪些食品里面能够用、使用量是多少，都有严格规定。对食品添加剂的管理、标识，食品添加剂的生产许可，也都有严格的相关要求。所以，只要符合标准规定的食品添加剂，使用都是按照标准的使用范围和使用量，食品添加剂都是安全的。”

可见，只要将食品添加剂的使用控制在法定的、合理的范围之内，食品添加剂并不会危害人的身体健康。而某些“零添加”的食品，在运输与储存的过程中甚至更容易腐坏变质，滋生微生物、病菌，对我们的健康造成影响，甚至危及生命。

此外，带有“零添加”的标签并不等同于实质上的零添加，逐利心态下打出的广告语很可能隐瞒了非法或过量使用添加剂的事实。相比之下，严格遵守《食品添加剂使用标准》、列明添加剂种类与含量的“添加食品”更有利于维护消费者的健康。

为此，国家发布《食品标识监督管理办法（征求意见稿）》，拟规定在食品标识中不得标注“不添加”“零添加”“不含有”或类似字样，这也从侧面揭穿了将“零添加食品”完全等同于健康食品的商业谎言。

因此，作为消费者，我们不仅应当信任国家对于食品安全的防护力度，更应厘清食品添加剂与非食用物质的区别，科学地看待食品添加剂，不盲信、不盲求、不盲从，以理性守护食品安全、生命安全，筑牢健康防护墙。

压榨油真的比浸出油更安全吗?

有人总结，生活不过是“柴米油盐酱醋茶”与“琴棋书画诗酒花”，后者建立在前者被满足的基础之上。只有物质生活得到了保障，生活才能如花向阳。而其中，食用油的安全问题最受人们关注。

食用油可简单分为动物油脂与植物油脂。动物油脂常见的有猪油、牛油、黄油等。植物油脂的种类则要多得多，单单罗列商场的常售品种，便有菜籽油、花生油、火麻油、玉米油、橄榄油、山茶油、棕榈油、葵花籽油、大豆油、芝麻油、亚麻籽油等数十种，其他诸如牡丹籽油、核桃油等罕见种类更是不甚枚举。而按照食用油的加工工艺划分则简明得多，常见的、区分度高的食用油制油方式有两种，即压榨法和浸出法。于是，消费者在经历了“挑种类挑得眼花缭乱”之后，不约而同地将消费的关注点转向了制油工艺——到底是该选购压榨油还是浸出油呢？

这就涉及制油工艺的区分问题。所谓压榨法，即借助外力对油料种子加以挤压，迫使油脂从种子中渗出。这也是中国传统的制油法，传承百年。相比之下，浸出法则更现代化。所谓浸出，是指利用能够溶解油脂的有机溶剂将油料作物中的油脂萃取出来，再以加热汽提的方法脱除溶剂，最终得到原油。或许是由于压榨法的传统性，或许是由于浸出法对添加有机溶剂的依赖性，人们总是倾向于认为，压榨法的安全系数高于浸出法。

然而，真的是这样吗？

结合现实便不难发现，以往食用油安全事件的源头通常是以压榨法为加工工艺的作坊。比起浸出法加工流程的现代化管理，传统压榨法更易因反复使用榨油工具、制油环境简陋、卫生条件不达标等隐患而引发食用油安全问题。如盛行于乡镇的“土榨花生油”“土榨菜籽油”等，往往因黄曲霉毒素超标而存在极大的致癌风险。而浸出法虽然必须添加有机溶剂，但该类溶剂与油脂的沸点不同，在后续加热汽提环节完全可以与油脂分离。

由此可见，浸出油并不比压榨油更危险，反而因工艺的精细性与现代性，浸出油能够更好地保留油脂中的营养物质，提高油料作物的出油率，节约制油原材料，且更有益于规模化生产。

当然，这一对比不是为了将消费者引入“浸出油比压榨油更安全”的另一个极端。事实上，无论采用何种制油工艺，食用油都必须再经过精炼、去杂质、标准检测等一系列工序才能被端上我们的餐桌。

因此，关注食用油安全的关键不在于加工工艺，而在于对加工过程、检测标准执行的考量。作为消费者，我们应尽量选择正规品牌、正规渠道、标有国家食品质量安全标志、产地明确、保质期清晰的食用油。一言以蔽之，只要符合食用油安全标准，什么油都是安全的。

反季节蔬菜不能吃吗?

作为人们日常饮食中必不可少的食物之一，蔬菜从营养学角度来说对人体具有重要意义。除却种类不同而产生的差异，绝大部分蔬菜都具有补充人体所需维生素与矿物质的作用。一般来说，春、夏、秋三个季节的蔬菜种类要丰富一些，如蘑菇、芦笋、茄子、香菜、菠菜、黄瓜、生菜、番茄、苦瓜、丝瓜等。而到了冬季，上市蔬菜的种类锐减，甚至有人戏称："冬天屋檐寒雨滴，萝卜白菜吃到底。"

而这一窘迫局面，随着现代农业技术的发展很快得以改变。在无土栽培、温室大棚等技术的支持下，夏吃萝卜冬吃菇、冬啃西瓜夏吃枣已然是常事。可面对这种便利，不少人也开始担忧：反季节蔬菜能吃吗？安全吗？是不是全靠化肥、农药、激素培植？以至于部分人开始谈"反季节蔬菜"色变。

要解决这种忧虑，我们首先必须认识何为反季节蔬菜。

事实上，反季节蔬菜并不全然等同于"反季节栽培"的蔬菜，它还包括另外两类：异地种植蔬菜与应急储备蔬菜。

异地种植蔬菜主要是指"南菜北运"，因地理位置差异，在北方寒风凛冽、蔬菜难以生长时，南方可能依旧天朗气清，瓜果飘香。此时，商贩便会自发地顺应市场需求，将"南菜北运"。这些由南方运至北方的蔬菜，对于北方的居民朋友而言，便是反季节蔬菜，但这些蔬菜本身的生长完全符合自然规律。

应急储备蔬菜则是指借助一定的保鲜、储藏技术，在蔬菜产量大、种类全的时候将其保存下来，待到天寒物少、有利可图时再开仓售卖。比如北方的地窖，便是为应急储备蔬菜而建造的。这类在盛夏或深秋被妥善储藏而在冬季面市的蔬菜，同样属于反季节蔬菜。而只要没有霉变、腐坏，这类反季节蔬菜的食用价值与当季蔬菜无异。

比起以上两类，“反季节栽培”才是人们忧虑的所在。但实际上，反季节栽培不过是以现代技术模拟了适宜植物生长的温度与湿度，以促使蔬菜秧苗在寒冷的时节里依然感受到如春如夏的温暖，顺利生长，开花结果。反季节栽培的蔬菜对农药、化肥的需求，与正常生长的蔬菜并无本质区别。

综上所述，我们可以得出，反季节蔬菜不过是以各种手段实现对蔬菜季节性分布不均的调配，本质上并没有违反其生长的客观规律。

那么有人可能会问：这些反季节的蔬菜，在味道和营养成分上会不会不如应季蔬菜？

单就味道而言，的确如此。无论是“南菜北运”还是应急储备，蔬菜的风味都会因远距离运输与长时间储藏而有所流失，但这种流失并不十分明显，至少没到滋味尽失的地步，基本能够满足人们正常的口感需求。

而在营养价值方面，许多反季节蔬菜甚至会优于应季蔬菜。这是因为在人工控温、控湿技术的加持下，大棚种植的蔬菜能够更充分地享受生长所需的“阳光”和“雨露”，会生长得更茁壮。

因此，我们可以得出结论：反季节蔬菜并非“洪水猛兽”，而是现代农业技术、储藏保鲜技术、运输网络带来的一种红利，食用在正常渠道购买的反季节蔬菜并不会影响我们的身体健康。当然，考虑到口感上的区别，我们还是应尽可能地选择时令蔬菜、应季蔬菜。

不粘锅烹饪的食物，等于致癌物？

“煎炸焖炖煮，干煸清蒸炒”，但凡有做饭需求的地方都离不开一口锅。而无论是电饭锅还是炒菜锅，其种类的选择都是一门大学问。正所谓“工欲善其事，必先利其器”，对于现代人、尤其是刚开始独立生活而又不擅长烹饪的年轻人而言，不粘锅无疑是不可或缺的厨房神器。

所谓不粘锅，其关键便在于这个“不粘”上，为达到不粘的效果，在喷涂过程中，锅体的内表面会镀上一层表面能和摩擦系数极低的特殊涂层。正是在这一涂层的作用下，食物才不容易与锅体粘连，从而降低了烹饪的难度，减少耗油量。用不粘锅做出的佳肴，如红烧鱼、煎豆腐等，往往完整度更高，观赏性更强。这对于一贯讲究菜色的国人而言，不可谓不精妙。

然而，正是这一涂层的存在，引发了人们对不粘锅安全性的信任危机。甚至有网友“有理有据”地指出：不粘锅涂层含有特氟龙，特氟龙在高温下会释放有毒物质，用这样的不粘锅烹饪的食物，就是致癌物！

这样的质疑当真科学吗？不粘锅真的安全吗？

这就需要我们对不粘锅涂层的成分有一定的了解。诚如网友所言，市面上所售的不粘锅，其涂层材料是特氟龙，也就是聚四氟乙烯。这种物质的物理性质和化学性质都十分稳定，是理想的涂层材料。但正如网友指出的那样，聚四氟乙烯在高温下会释放有毒物质。那么或许有人会说：这不正好证明了使用不粘锅不安全吗？事实并非如此，能使聚四氟乙烯分解释放有毒物质，其温度至少不低于 260℃，使其完全分解的温度甚至高达 420℃。而我们日常餐饮加工的温度，即便是热油爆炒，至多也只能达到 200℃，正常翻炒加热甚至不会超过 150℃，可以说离最低“产毒”标准远之又远，根本无须担心。

既然不粘锅正常烹饪十分安全，那么如果涂层直接脱落被误食，又会不会致癌呢？答案是否定的。科学证明，聚四氟乙烯作为具有生理惰性的无毒化学物质，并不会与人体直接反应，因此即便误食了微量的涂层脱落物，也不会对我们的身体健康构成威胁。

此外，作为关乎人民饮食安全的“食品接触材料”，不粘锅的产品研发、制造、监测等都有一系列的安全标准，国家对其金属原料选择、锻造工艺、涂层材料选择、用量等各方面均严格把控。

因此可以说，只要是在正规渠道购买的合格不粘锅，日常使用时不干烧、常清洁，就不存在安全隐患，可谓“与癌无关”的烹饪小帮手。

葡萄表面的白霜就是农药残留？

作为一种美味可口且营养丰富的水果，葡萄一直深受人们喜爱。除却新鲜葡萄，更有葡萄干、葡萄酒、葡萄罐头、葡萄饮料等一系列葡萄制品，可谓家族庞大。研究表明，葡萄具有补气血、生津止咳之效，更可补充人体所需的氨基酸，对神经衰弱、疲劳过度等症状有一定疗效，可谓在营养价值之外，还具有药用价值。

但这样一种益处多多的水果，却有着一层难以清洗的“白霜”。不少人猜测这层“白霜”是防腐的蜡或者农药残留，由此引发了对葡萄安全性的质疑。

可要做到如此均匀地喷洒农药于每一颗葡萄上，似乎也并非易事。那么，这层可疑的“白霜”究竟是什么呢？

事实上，这层“白霜”正是葡萄的天然保护伞，是葡萄在自然生长过程中分泌的一种糖醇类物质，专业名称叫作“果粉”或“果霜”。其主要作用便是保护葡萄免受病虫害的侵染，锁住果实水分，保留果实鲜味。果粉并不溶于水，故而常规清洗时极难去除，但其与农药残留、人工食用蜡毫无关系。甚至从某种程度上来说，均匀覆盖果粉的葡萄，才是真正新鲜的葡萄。

但是，葡萄就不存在农药残留吗？答案是否定的。

为了提高葡萄产量、保证葡萄品相、减少病虫害，施加农药是种植葡萄的常规操作。如果农户的种植方法不合理，选择药剂不合规，葡萄表皮便有可能残留农药，且这样的残留物质多呈白色。

那么如何区分天然果粉与农药残留呢？首先，天然果粉分布均匀，覆盖整齐；而农药残留大多呈斑点状，分布不均。其次，天然果粉并不会掩盖葡萄表皮的颜色，只会为其增添一种朦胧的美感，遇水后会使葡萄显得格外漂亮；而农药残留厚薄不一，会对葡萄表皮的颜色形成覆盖，用水搓洗后方能露出葡萄本色。最后，天然果粉有色无味，细细嗅闻也只能闻到葡萄淡淡的果香；而农药残留则带有刺激性气味，遇水溶解后气味更浓烈。

比较之下不难发现，正常的“白霜”与农药残留的“白霜”相去甚远，易于区别。难以清洗的均匀“白霜”并不会对我们的健康构成任何威胁。若实在不放心，也可对葡萄进行深入清洗或剥皮后食用。用加了盐或食醋的清水浸泡，或是加入面粉轻轻揉搓都是行之有效的清洗方式。

夏天，瓶装矿泉水放汽车后备箱久了会变成“毒水”吗?

随着国民经济水平的提升，轿车几乎成为人们生活的必需品。在后备箱里放上一箱矿泉水，成了“有车族”的共识。尤其是在夏季，随着气温升高，人体水分流失加剧，在行车过程中及时补充水分对人们来说十分必要。

然而，随着大众安全意识增强，“盛夏车载水怀疑论”也悄然兴起。一些人担心地说:“夏季天气炎热，后备箱里又吹不到车载空调，温度岂不是更高，车里的塑料包装矿泉水会不会迅速变质?”另一些人怀疑道:“车内存放的瓶装矿泉水都是塑料包装，塑料受热容易释放有毒物质，这样的水喝进肚子里恐怕容易致癌吧?”

细剖以上论调不难发现，这些问题的核心在于塑料包装在高温下是否会对水质造成影响。

这就需要我们对塑料瓶有所认识。

普通塑料瓶大多是以聚乙烯（PE）、聚丙烯（PP）等为原料，在添加相应的有机溶剂后，以高温加热的方式塑模成型。而饮用水包装塑料则是选取无毒、无味、安全性更高的聚对苯二甲酸乙二醇酯（PET）为原材料。PET是一种有机高分子材料，具备良好的力学性能，以及抗冲击、耐油、耐稀酸、耐稀碱、耐高温等优点，制成水瓶后不仅不会对水质造成污染，还能维持形状，有利于回收利用、降低成本等。此外，PET材料的熔点高达250℃。根据我国相关规定，夏季高温预警信号依据温度高低可划分为黄色、橙色、红色三级，分别表示连续3天日最高气温将在35℃以上、24小时内最高气温将升至37℃以上、24小时内最高气温将升至40℃以上。因空间密闭，空气不流通，车内温度会比室外温度高出40℃左右。但即便如此，车内温度也与250℃相去甚远。因此，我们可以放心，在夏季高温天气中，放置于车内的塑料瓶装水并不存在变成所谓“毒水”的可能。

不过，为了自身健康考虑，我们仍然需要注意以下几点：第一，矿泉水开瓶后不宜久放，应当尽快饮用完；第二，PET材料的隔热效果有限，夏天饮用车内的矿泉水要注意防烫伤；第三，在极端高温的情况下饮用车内储存的矿泉水，若发现瓶子已经变形，则不宜继续饮用。除此之外，无须过分忧虑。

喝“千滚水”真的会致癌吗?

水是生命之源，深谙养生之道的中国人更是对喝热水情有独钟，网友甚至曾出言调侃:“大病上医院，小病喝热水。”虽为玩笑，但也足见“喝热水”在人们日常生活中的重要性。

但物极必反，在“喝热水有益健康”观念盛行的当下，人们对喝热水的担忧也愈演愈烈，其中最具代表性的便是对“千滚水”安全性的质疑。网友甚至断言:“千滚水”是日常生活中最常见的致癌物。

面对这样的担忧，我们就不得不先了解何为“千滚水”了。

“千滚水”包括两种：一是指用烧水壶、热水器等烧水设备反复烧开的水；二是指置于炉火或电热设备上长时间保持沸腾的水。人们倾向于认为，这样的水经过反复煮开或高温久煮，水分已经大量蒸发，使得“水渣”大量沉积。所谓的“水渣”，就是指水中含有的钙、镁、亚硝酸盐等不易挥发的物质。饮用“千滚水”致癌的论断，正是来源于人们对亚硝酸盐危害性的认识。

那么，亚硝酸盐真的致癌吗？确实如此。但这意味着饮用“千滚水”致癌吗？并非如此。

这就涉及到剂量的问题。原来，一升水即便反复烧开20次并静置24小时，所产生的亚硝酸盐也不过是0.002毫克。照这么换算，人需要一次性饮用数十吨的“千滚水”才有亚硝酸盐中毒的可能。而且，科学实验证明，自来水在加热后，随着沸腾次数的增加，亚硝酸盐的含量不仅不会节节攀升，反而呈下降趋势。可见，饮用“千滚水”会引起中毒、患癌的说法纯粹为无稽之谈。

但为了健康考量，人们应当注意以下几点。第一，不饮用过烫的水，避免烫伤口腔黏膜，若口腔黏膜长期遭受破坏，很可能诱发口腔疾病或食道癌。第二，常清理烧水、盛水的器皿，包括烧水壶、保暖瓶、杯子等器物，避免污垢沉积、细菌滋生。第三，不饮用放置过久的水或饮料。无论是煮沸的自来水、直饮的过滤水，还是瓶装的矿泉水、饮料，最好都一次性或在短时间内饮用完。水或饮料放置时间过长往往容易变质或沾染其他有害物质，如夏季储存于水壶中的水，没过几天便能闻到异味，此时再饮用就会对人体造成危害。

饭前用开水烫碗筷到底能不能消毒?

随着收入水平的提升，“今日点外卖，明日下馆子”已然成为人们解决吃饭问题的常规操作，尤其是对于不擅烹饪或工作忙碌又追求口感的年轻人而言，进饭店吃饭可谓真正的“家常便饭”。稍微留心就会发现，许多人在饭店用餐时都有一个习惯性的准备动作——用开水将碗筷杯碟等餐具都烫一遍。为什么呢？答案也很统一——为了消毒杀菌，吃得更健康。

然而，事实真的如此吗？在回答这个问题之前，我们首先需要对餐饮用具可能携带的细菌有一个基础认识。

碗碟等餐具易于沾染的细菌和病毒大致包括大肠杆菌、金黄色葡萄球菌、沙门氏菌、志贺氏菌、甲型肝炎病毒等，此外便是一些能够引起肠道疾病的微生物。若清洁不善，这些病菌都有可能导致人体出现急性腹泻或其他不适症状。

那么就冲烫消毒法来说，怎么才算有效呢？至少需要达到两个条件。

第一，水温必须够高。值得注意的是，这里的“高”，并不等同于我们体感上的“烫”。我们在饭店吃饭时使用的所谓开水、热水，温度大约在 60 ～ 70℃，这是因为饭店必须确保食客用餐安全，直接提供沸水往往容易造成烫伤事故。即便是 100℃的沸水，也无法立即消灭细菌、病毒或微生物。

第二，时间必须够长。人们用热水冲烫餐具时，往往是“但求心安”，形式大于实际。而实验表明，即便是用开水冲烫，也要持续至少 5 分钟才能杀死或灭活大部分细菌。而大肠杆菌、金黄色葡萄球菌等细菌对热的抵抗力极强，需要 30 分钟的高温浸烫才可确保无虞。显然，食客在常规用餐中根本无法具备这两个条件。

可见，想用饭店提供的“开水”实现消毒杀菌的目的，这一想法过于理想化了。但这样做完全是“花把势”吗？也不尽然。

虽然热水冲烫餐具无法完全消灭细菌，但冲烫处理也能起到很好的除尘、除洗涤剂残留的作用。

除此之外，对健康问题比较关注的朋友，还可以借助使用公筷、采取分餐制等方式提高外出就餐的安全性，维护个人健康。

加碘盐真的是致病隐患吗?

俗语有言:“吃尽百味还得盐,穿尽绫罗不如棉。”食盐不仅是重要的调味品,还是维持人体正常生长发育的重要物质。它既能够维持细胞内外的渗透压,使人体水分分布处于均衡状态,还有益于维持机体的酸碱平衡,维持人类正常的体液循环,并且还有促进消化液分泌、增强食欲的作用。

然而,正是这样一种生活必需品,近年来却因“加碘”引起了轩然大波。网友议论纷纷,有人认为加碘盐中添加的碘酸钾比碘化钾毒性大,会导致男性生育能力下降;也有人认为食用加碘盐会引起甲状腺肿大,让人得“大脖子病”。还有网友分析:“食盐加碘确实可以有效地为人体补充碘元素,但盐是餐餐都离不了的调味品,要是食盐中加碘过量,我们又因为食用此类加碘盐频繁补碘,岂不是会有安全隐患?”

以上质疑主要集中于三点:第一,添加碘酸钾比添加碘化钾危害更大;第二,食盐加碘会诱发甲状腺疾病;第三,食盐加碘量不详,可能会补碘过量,影响人体健康。

针对第一点，我们不妨先来看看碘酸钾与碘化钾的争议依据。查询《危险化学品名录2012》便可发现，碘酸钾位列其中，而碘化钾却不在此列。照此逻辑，食盐中添加碘酸钾这一毒性化学药品确实很危险。然而，一切避开剂量谈毒性的说辞都失之偏颇。事实上，碘酸钾虽为“中等毒性”药品，但其化学性质比碘化钾更稳定。而且，碘酸钾的致毒阈值至少须达到毫克级别，而常规添加于食用盐中的碘酸钾，仅仅为微克级别，微克与毫克为千进制关系，根本无力致毒。除此之外，人们所不知道的是，碘酸钾还广泛用作小麦面粉处理剂、面团改质剂、抗肿瘤药物……只要严格把控其用量，根本无须担忧添加碘酸钾的食盐会损害人体健康或降低男性的生育能力。

而针对第二个问题，国家卫健委曾发布《防治碘缺乏病日宣传核心信息》并表示：“目前没有直接证据表明食用碘盐或碘摄入量增加与甲状腺癌的发生相关。”可见此类担忧并无科学依据。但有关专家也建议，水源性高碘地区的居民朋友应尽量选择无碘盐，以防碘摄入过量，引发甲状腺疾病。根据国家卫健委疾病预防控制局2019年发布的《全国生活饮用水水碘含量调查报告》，我国目前有

61 个县可称为水源性高碘地区（居民饮用水碘含量大于 100 μg/L），分布在河北、山东、河南、安徽、江苏、天津、山西、湖南 8 个省（市）。对于其他地区的人来说，食用碘盐是安全的。

至于补碘过量的问题，国家相关部门早有关注。为适应不同地区的补碘需求，我国食盐含碘量已基于大数据调查做过三次调整，如 2011 年，我国食盐含碘量已依据国人现实所需，调整为每千克加碘 20 毫克、25 毫克、30 毫克三级。另外，各地区政府也可依据本地“碘情”，对本地区食盐加碘量进行科学调整，确保补碘在所需范围之内。

综上所述，我们可以发现，加碘盐主要作用在于补充人体所需碘元素，按地区实情购买相应含量的正规碘盐并不会对我们的身体造成损害。但同时，我们也应警惕三无食盐、私人散盐等非正规食盐产品。因为此类产品往往未经相关部门监测，添加剂与卫生水平极有可能不达标，存在安全隐患。

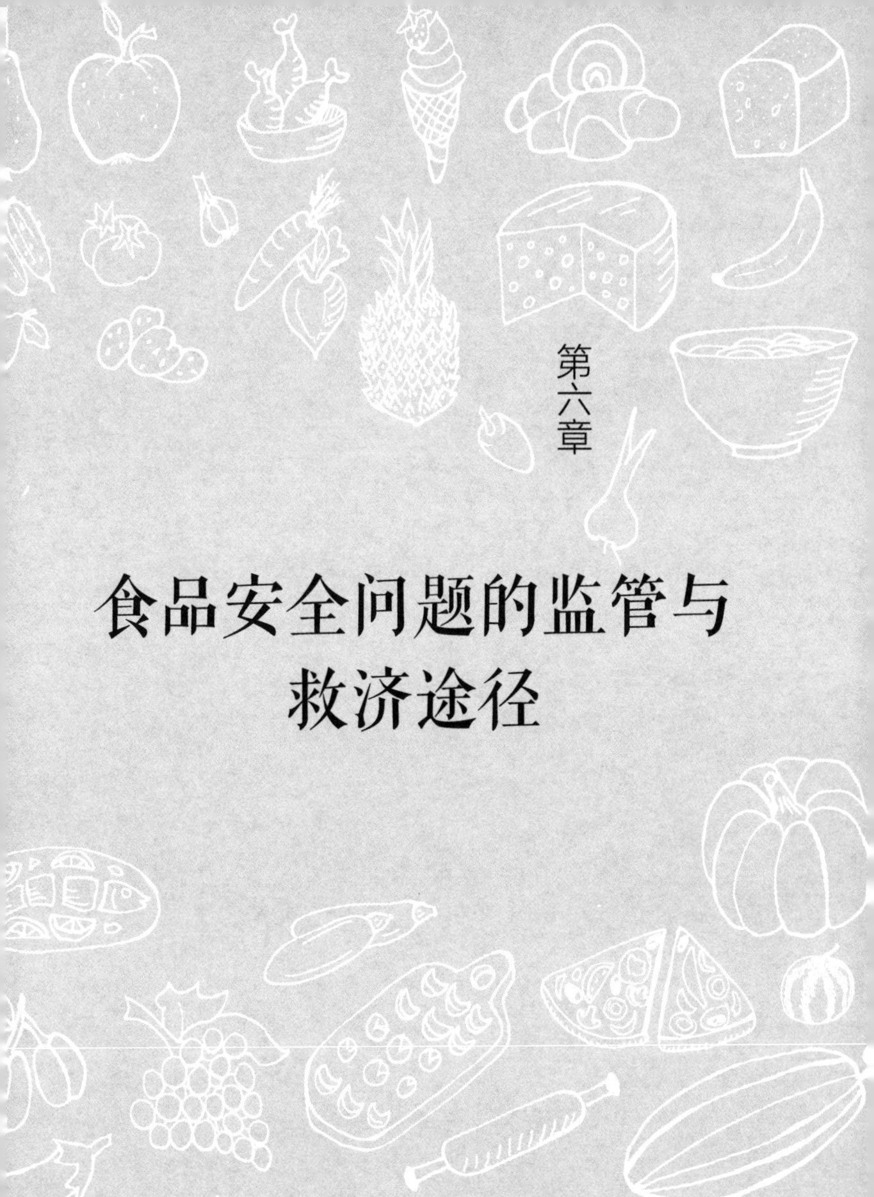

第六章

食品安全问题的监管与救济途径

我国的食品安全标准

俗话说：“民以食为天，食以安为先。”食品安全问题是人民群众最为关注的热点问题之一。我国政府始终以人民利益为中心，历来重视食品安全监管，不断探索适合我国国情的食品安全监管模式，确保人民群众吃得安全、吃得健康。在食品监管体系构建中，食品安全标准的制定是重中之重。食品安全标准是政府部门为保证食品安全、防止疾病发生，对食品生产经营过程中影响食品安全的各种要素以及各关键环节所规定的统一的技术要求，是唯一强制执行的食品标准。

在“十三五”期间，我国建立起了更加严格的食品安全标准体系。2019 年 7 月，第二届食品安全国家标准审评委员会正式成立，进一步优化了标准审查程序。截至 2023 年 9 月，我国共发布食品安全国家标准 1563 项，覆盖了大部分食品类别和主要危害因素。对于大多数普通人来说，只需要关注 3 项标准就能应对日常生活中出现的食品安全问题，即《食品安全国家标准　食品中致病菌限量》(GB29921-2013)[①]、《食品添加剂使用标准》和《食品营养强化剂使用标准》。《食品中致病菌限量》针对肉制品、水产制品、即食蛋制品、粮食制品、即食豆类制品、巧克力类及可可制品、即食果蔬制品(含酱腌菜类)、即食调味品、坚果籽实制品等共11大类食品设定了致病菌限量要求。《食品添加剂使用标准》和《食品营养强化剂使用标准》结合食品来源和食品加工两方面的特点，对乳及乳制品、脂肪、油和乳化脂肪制品、冷冻饮品、水果、蔬菜、豆类、食用菌、藻类、坚果及籽类等16大类、354小类的食品规定了食品添加剂和食品营养强化剂的使用要求。

有人可能会问，我国的食品安全标准是不是比国外的标准要低一些呢？实际上，我国的食品安全标准是在对比参考国外标准的基础上结合我国国情制定的，整个制定程序遵循科学、严谨的原则。甚至在很多方面，我国的食品安全标准比国外的标准更为严格。比如，就大米中“镉”的限量来说，中国和欧美以及韩国的标准是一致的，都是0.2mg/kg，这个标准高于日本、泰国、

① 以下简称《食品中致病菌限量》。

越南以及国际食品法典委员会（CAC）规定的0.4mg/kg。又比如，就幼儿配方食品中的铁含量来说，我国的标准是0.42mg~1.51mg/100kcal，而国际食品法典委员会（CAC）的标准是≥0.45mg/100kcal，美国的标准是>0.15mg/100kcal，显然，我国制定的标准更加精准。此外，我国对罐头食品中的砷、汞的限量都有明确要求，而在欧盟食品相关标准中则没有类似的规定。

所以，对于我国的食品安全标准，大家是完全可以放心的。

我国的食品安全监管机构及体系

在2018年之前，我国采用的是分段监管的食品安全监管模式，国务院食品安全委员会宏观协调，地方政府负总责。这种分段监管模式容易造成各监管机构权责不清、多头监管或者重复监管等问题。2018年3月，十三届全国人民代表大会一次会议第四次全体会议通过表决，将国家工商行政管理总局、国家质量监督检验检疫总局和国家食品药品监督管理总局这三个部门与食品安全监管相关的职责划入国家市场监督管理总局（进出口食品的食品安全监管职责划归海关总署），建立了大食品安全监管体系，从而改变了监管重复、低效的状况。

2022年10月8日国家市场监督管理总局令第62号公布了《食品相关产品质量安全监督管理暂行办法》（以下简称《办法》），于2023年3月1日起施行。此《办法》明确规定了食品安全监管的机构、范围、检验制度、监管办法、违法责任等，对于完善我国食品监管机制起到了提纲挈领的作用。作为消费者，我们也有必要了解相关内容，这样有助于我们提升食品安全意识，维护自身权益。下面，我们一起学习一下主要条款：

第六条　禁止生产、销售下列食品相关产品：

（一）使用不符合食品安全标准及相关公告的原辅料和添加剂，以及其他可能危害人体健康的物质生产的食品相关产品，或者超范围、超限量使用添加剂生产的食品相关产品；

（二）致病性微生物，农药残留、兽药残留、生物毒素、重金属等污染物质以及其他危害人体健康的物质含量和迁移量超过食品安全标准限量的食品相关产品；

（三）在食品相关产品中掺杂、掺假，以假充真，以次充好或者以不合格食品相关产品冒充合格食品相关产品；

（四）国家明令淘汰或者失效、变质的食品相关产品；

（五）伪造产地，伪造或者冒用他人厂名、厂址、质量标志的食品相关产品；

（六）其他不符合法律、法规、规章、食品安全标准及其他强制性规定的食品相关产品。

第七条　国家建立食品相关产品生产企业质量安全管理人员制度。食品相关产品生产者应当建立并落实食品相关产品质量安全责任制，配备与其企业规模、产品类别、风险等级、管理水平、安全状况等相适应的质量安全总监、质量安全员等质量安全管理人员，明确企业主要负责人、质量安全总监、质量安全员等不同层级管理人员的岗位职责。

企业主要负责人对食品相关产品质量安全工作全面负责，建立并落实质量安全主体责任的管理制度和长效机制。质量安全总监、质量安全员应当协助企业主要负责人做好食品相关产品质量安全管理工作。

第九条 食品相关产品生产者应当建立并实施原辅料控制，生产、贮存、包装等生产关键环节控制，过程、出厂等检验控制，运输及交付控制等食品相关产品质量安全管理制度，保证生产全过程控制和所生产的食品相关产品符合食品安全标准及其他强制性规定的要求。

食品相关产品生产者应当制定食品相关产品质量安全事故处置方案，定期检查各项质量安全防范措施的落实情况，及时消除事故隐患。

第十条　食品相关产品生产者实施原辅料控制，应当包括采购、验收、贮存和使用等过程，形成并保存相关过程记录。

食品相关产品生产者应当对首次使用的原辅料、配方和生产工艺进行安全评估及验证，并保存相关记录。

第十一条　食品相关产品生产者应当通过自行检验，或者委托具备相应资质的检验机构对产品进行检验，形成并保存相应记录，检验合格后方可出厂或者销售。

食品相关产品生产者应当建立不合格产品管理制度，对检验结果不合格的产品进行相应处置。

第十二条　食品相关产品销售者应当建立并实施食品相关产品进货查验制度，验明供货者营业执照、相关许可证件、产品合格证明和产品标识，如实记录食品相关产品的名称、数量、进货日期以及供货者名称、地址、联系方式等内容，并保存相关凭证。

第十三条　本办法第十条、第十一条和第十二条要求形成的相关记录和凭证保存期限不得少于产品保质期，产品保质期不足二年的或者没有明确保质期的，保存期限不得少于二年。

第十五条 食品相关产品标识信息应当清晰、真实、准确,不得欺骗、误导消费者。标识信息应当标明下列事项：

（一）食品相关产品名称；

（二）生产者名称、地址、联系方式；

（三）生产日期和保质期（适用时）；

（四）执行标准；

（五）材质和类别；

（六）注意事项或者警示信息；

（七）法律、法规、规章、食品安全标准及其他强制性规定要求的应当标明的其他事项。

食品相关产品还应当按照有关标准要求在显著位置标注“食品接触用”“食品包装用”等用语或者标志。

食品安全标准对食品相关产品标识信息另有其他要求

的，从其规定。

第十九条　对直接接触食品的包装材料等具有较高风险的食品相关产品，按照国家有关工业产品生产许可证管理的规定实施生产许可。食品相关产品生产许可实行告知承诺审批和全覆盖例行检查。

省级市场监督管理部门负责组织实施本行政区域内食品相关产品生产许可和监督管理。根据需要，省级市场监督管理部门可以将食品相关产品生产许可委托下级市场监督管理部门实施。

第二十条　市场监督管理部门建立分层分级、精准防控、末端发力、终端见效工作机制，以“双随机、一公开”监管为主要方式，随机抽取检查对象，随机选派检查人员对食品相关产品生产者、销售者实施日常监督检查，及时向社会公开检查事项及检查结果。

市场监督管理部门实施日常监督检查主要包括书面审查和现场检查。必要时，可以邀请检验检测机构、科研院所等技术机构为日常监督检查提供技术支撑。

第二十一条　对食品相关产品生产者实施日常监督检查的事项包括：生产者资质、生产环境条件、设备设施管理、原辅料控制、生产关键环节控制、检验控制、运输及交付控制、标识信息、不合格品管理和产品召回、从业人员管理、信息记录和追溯、质量安全事故处置等情况。

第二十二条　对食品相关产品销售者实施日常监督检查的事项包括：销售者资质、进货查验结果、食品相关产品贮存、标识信息、质量安全事故处置等情况。

第二十五条　县级以上地方市场监督管理部门对食品相关产品生产者、销售者进行监督检查时，有权采取下列措施：

（一）进入生产、销售场所实施现场检查；

（二）对生产、销售的食品相关产品进行抽样检验；

（三）查阅、复制有关合同、票据、账簿以及其他有关资料；

（四）查封、扣押有证据证明不符合食品安全标准或者有证据证明存在质量安全隐患以及用于违法生产经营的食品相关产品、工具、设备；

（五）查封违法从事食品相关产品生产经营活动的场所；

（六）法律法规规定的其他措施。

第三十五条　违反本办法第六条第一项规定，使用不符合食品安全标准及相关公告的原辅料和添加剂，以及其他可能危害人体健康的物质作为原辅料生产食品相关产品，或者超范围、超限量使用添加剂生产食品相关产品的，处十万元以下罚款；情节严重的，处二十万元以下罚款。

第三十六条　违反本办法规定，有下列情形之一的，责令限期改正；逾期不改或者改正后仍然不符合要求的，处三万元以下罚款；情节严重的，处五万元以下罚款：

（一）食品相关产品生产者未建立并实施本办法第九条第一款规定的食品相关产品质量安全管理制度的；

（二）食品相关产品生产者未按照本办法第九条第二款规定制定食品相关产品质量安全事故处置方案的；

（三）食品相关产品生产者未按照本办法第十条规定实施原辅料控制以及开展相关安全评估验证的；

（四）食品相关产品生产者未按照本办法第十一条第二款规定建立并实施不合格产品管理制度、对检验结果不合格的产品进行相应处置的；

（五）食品相关产品销售者未按照本办法第十二条建立并实施进货查验制度的。

遇到食品安全问题如何维权

维权的法律依据

从前面的内容中，我们已经了解到我国食品安全标准和食品监管体系的基本情况。应该说，随着国家食品监管体系的不断完善，守护食品安全的墙在不断加固。但是，我们也无法完全杜绝不良商家为了利益顶风作案，生产销售一些有毒、有害的食品。那么，万一遇到食品安全问题，我们该如何维权呢？下面详细来谈一谈。

与食品安全领域的维权相关的法律主要有两部，一部是《食品安全法》，另一部是《中华人民共和国消费者权益保护法》[1]。

《食品安全法》关于维权的主要条款是第一百四十八条：消费者因不符合食品安全标准的食品受到损害的，

①1993年10月31日第八届全国人民代表大会常务委员会第四次会议通过，根据2009年8月27日第十一届全国人民代表大会常务委员会第十次会议《关于修改部分法律的决定》第一次修正，根据2013年10月25日第十二届全国人民代表大会常务委员会第五次会议《关于修改〈中华人民共和国消费者权益保护法〉的决定》第二次修正。以下简称《消费者权益保护法》。

可以向经营者要求赔偿损失，也可以向生产者要求赔偿损失。接到消费者赔偿要求的生产经营者，应当实行首负责任制，先行赔付，不得推诿；属于生产者责任的，经营者赔偿后有权向生产者追偿；属于经营者责任的，生产者赔偿后有权向经营者追偿。

生产不符合食品安全标准的食品或者经营明知是不符合食品安全标准的食品，消费者除要求赔偿损失外，还可以向生产者或者经营者要求支付价款十倍或者损失三倍的赔偿金；增加赔偿的金额不足一千元的，为一千元。但是，食品的标签、说明书存在不影响食品安全且不会对消费者造成误导的瑕疵的除外。

这里可以分为几点来解读：

第一，首负责任制。举例来说，如果小张在超市买了一袋发霉的面包，小张向超市要求赔偿，超市不能以该食品是生产厂家生产的、与自身无关的理由来拒绝赔偿。按照法律规定，超市应该先赔偿小张，然后再向生产厂家要求赔偿损失。

第二，具体赔偿金额。分三种情况：①价款十倍。小张在超市买了一罐奶粉，花费 300 元，拿回家后才发现奶粉过期了。超市应该赔偿小张购买牛奶的300元，同时还应该再赔偿300元的十倍，也就是3000元，合计3300元。②损失三倍。小张在超市花300元买了一罐奶粉，却没有发现奶粉已过期，他的孩子喝了该奶粉冲泡的牛奶后拉肚子，住院花了2000元。超市应该赔偿小张买奶粉的300元，再加上住院损失费的三倍，也就是6000元，合计6300元。③增加的赔偿金额不足一千元，为一千元。小张在餐馆吃饭，发现一道菜里的肉是臭的，这道菜的价格是35元，即使按十倍赔偿也只有350元，合计才385元。此时，他可以根据这一条款，要求赔偿1000元。

此外，《最高人民法院关于审理食品安全民事纠纷案件适用法律若干问题的解释（一）》[①]（法释〔2020〕14号）也是消费者维权时的强有力依据。这里，我们就其中几条展开说一下。

第二条：电子商务平台经营者以标记自营业务方式所销售的食品或者虽未标记自营但实际开展自营业务所销售的食品不符合食品安全标准，消费者依据《食品安全法》

①2020年10月19日最高人民法院审判委员会第1813次会议通过，自2021年1月1日起施行。

第一百四十八条规定主张电子商务平台经营者承担作为食品经营者的赔偿责任的，人民法院应予支持。电子商务平台经营者虽非实际开展自营业务，但其所作标识等足以误导消费者让消费者相信系电子商务平台经营者自营，消费者依据《食品安全法》第一百四十八条规定主张电子商务平台经营者承担作为食品经营者的赔偿责任的，人民法院应予支持。

也就是说，如果消费者在电商平台购买了自营或者容易使人误解为自营的食品，消费者有权直接向网络平台依法索赔。

第三条：电子商务平台经营者违反《食品安全法》第六十二条和第一百三十一条规定，未对平台内食品经营者进行实名登记、审查许可证，或者未履行报告、停止提供网络交易平台服务等义务，使消费者的合法权益受到损害，消费者主张电子商务平台经营者与平台内食品经营者承担连带责任的，人民法院应予支持。

也就是说，如果消费者在电商平台的某商家那里购买了过期或劣质食品，想要维权时，却发现电商平台无法提供该商家的真实信息，那么消费者可以要求该电商平台承担连带赔偿责任。

第四条：公共交通运输的承运人向旅客提供的食品不符合食品安全标准，旅客主张承运人依据《食品安全法》第一百四十八条规定承担作为食品生产者或者经营者的赔偿责任的，人民法院应予支持；承运人以其不是食品的生产经营者或者食品是免费提供为由进行免责抗辩的，人民法院不予支持。

打个比方，如果小张坐某航空公司的飞机，发现航空公司为其提供的免费餐食变质了，那么小张就可以要求该航空公司作出赔偿。

第十条：食品不符合食品安全标准，消费者主张生产者或者经营者依据《食品安全法》第一百四十八条第二款规定承担惩罚性赔偿责任，生产者或者经营者以未造成消费者人身损害为由抗辩的，人民法院不予支持。

打个比方，如果小张在超市买了一罐奶粉，发现它过期了，要求按十倍赔偿，那么超市不能以消费者尚未食用这罐奶粉为由拒绝赔偿。

第十一条：生产经营未标明生产者名称、地址、成分或者配料表，或者未清晰标明生产日期、保质期的预包装食品，消费者主张生产者或者经营者依据《食品安全法》第一百四十八条第二款规定承担惩罚性赔偿责任的，人民法院应予支持，但法律、行政法规、食品安全国家标准对标签标注事项另有规定的除外。

打个比方，如果小张在超市花 5 元买一罐饮料，却发现罐子上没有标注生产地址，那么小张就可以要求超市按照最低赔偿限额赔偿自己一千元。

相较专门针对食品安全制定的《食品安全法》,《消费者权益保护法》的覆盖范围更广，其中与食品有关的主要是第五十五条的相关规定：经营者提供商品或者服务有欺诈行为的,应当按照消费者的要求增加赔偿其受到的损失，增加赔偿的金额为消费者购买商品的价款或者接受服务的费用的三倍；增加赔偿的金额不足五百元的，为五百元。法律另有规定的，依照其规定。

打个比方，小张去菜市场买了 3 斤肉，花费了 60 元，待去市场管理处复秤时,却发现少了 3 两。在这种情况下，如果肉的质量没有问题，只是缺斤少两，那么商家的行为就属于欺诈行为，小张可以按最低五百元的标准索赔。如果肉的质量也有问题，那么小张可以按照《食品安全法》

最低一千元的标准索赔。

以上就是消费者在遇到食品相关问题时索赔的法律依据。

维权的途径

《消费者权益保护法》明确了消费者维权的途径。第三十九条规定:“消费者和经营者发生消费者权益争议的，可以通过下列途径解决:(一)与经营者协商和解;(二)请求消费者协会或者依法成立的其他调解组织调解;(三)向有关行政部门投诉;(四)根据与经营者达成的仲裁协议提请仲裁机构仲裁;(五)向人民法院提起诉讼。”第四十六条规定:“消费者向有关行政部门投诉的，该部门应当自收到投诉之日起七个工作日内，予以处理并告知消费者。”

此外,《食品安全法》中也有相应条款。第一百一十五条规定:“县级以上人民政府食品安全监督管理等部门应当公布本部门的电子邮件地址或者电话，接受咨询、投诉、举报。接到咨询、投诉、举报，对属于本部门职责的，应当受理并在法定期限内及时答复、核实、处理；对不属于本部门职责的,应当移交有权处理的部门并书面通知咨询、投诉、举报人。有权处理的部门应当在法定期限内及时处理，不得推诿。对查证属实的举报，给予举报人奖励。”

也就是说，遇到食品相关问题，我们可以先拿出法律依据与经营者协商，要求合法的赔偿。如果经营者不配合，则可以向消费者协会或市场监督管理局进行举报，相关部门必须在 7 个工作日内就处理结束并给予答复。如果消费者对处理结果不满，还可以向人民法院提起诉讼。

所以，对于消费者来说，遇到食品相关问题完全不必忍气吞声，而是应该拿起法律的武器维护自己的合法权益。在具体措施方面，应该注意以下几点：

第一，保留好购买凭证，比如小票、发票或付款记录等；

第二，对食品存在的瑕疵进行拍照录像取证；

第三，如果在现场，要对摆放该食品的货架位置进行拍照录像取证；

第四，与经营者沟通时注意保留录音证据；

第五，协商未果时，应立即向消费者协会或市场监督管理局举报。

图书在版编目（CIP）数据

远离餐桌上的“狠活” / 王国义编著. --长沙：湖南人民出版社，2024.7
ISBN 978-7-5561-3357-4

Ⅰ. ①远… Ⅱ. ①王… Ⅲ. ①食品添加剂 Ⅳ. ①TS202.3

中国国家版本馆CIP数据核字（2023）第212941号

远离餐桌上的“狠活”
YUANLI CANZHUO SHANG DE “HENHUO”

编 著 者：王国义
出版统筹：陈　实
监　　制：傅钦伟
资源运营：湖南中教出版传媒有限公司
责任编辑：张玉洁
特邀编辑：杨　敏
产品经理：冯紫薇
装帧设计：董严飞

出版发行：湖南人民出版社［http://www.hnppp.com］
地　　址：长沙市营盘东路3号　　邮　　编：410005　　电　　话：0731-82683357

印　　刷：长沙新湘诚印刷有限公司
版　　次：2024年7月第1版　　印　　次：2024年7月第1次印刷
开　　本：787 mm × 1092 mm　1/32　　印　　张：7.125
字　　数：110千字
书　　号：ISBN 978-7-5561-3357-4
定　　价：49.80元

营销电话：0731-82221529（如发现印装质量问题请与出版社调换）